本書の情報について─
ている内容は，発行時点における最新の情報に基づき，正確を期するよう，執筆者，監修・編者ならびに
最善の努力を払っております．しかし科学・医学・医療の進歩により，定義や概念，技術の操作方法や診療
本書をご使用になる時点においては記載された内容が正確かつ完全ではなくなる場合がございます．
ている企業名や商品名，URL等の情報が予告なく変更される場合もございますのでご了承ください．

加された情報や，訂正箇所の
どの「正誤表・更新情報」

■本書関連情報のメール通知サービス

メール通知サービスにご登録いただいた方には，本書に関する下記
情報をメールにてお知らせいたしますので，ご登録ください．

- ・本書発行後の更新情報や修正情報（正誤表情報）
- ・本書の改訂情報
- ・本書に関連した書籍やコンテンツ，セミナー等に
  関する情報

※ご登録には羊土社会員のログイン/新規登録が必要です

解剖生理や
生化学をまなぶ前の

楽しくわかる
生物・化学・物理

著: 岡田

はじめに

　ここに「解剖生理や生化学をまなぶ前の　楽しくわかる生物・化学・物理」をお届けします。

　私は長年にわたって，医学部や看護学部で生理学および形態機能学を教えてきました．そのようななかで困ったことが2つありました．

　その第1は，大学受験の際に選択する理科の科目が人によって異なるために，知識レベルが学生ごとに大きく違っていることでした．医学部ですと受験科目として物理・化学を選択する学生が多く，そのような学生では生物の知識が抜け落ちています．看護学部でも同様で，高校では生物基礎や化学基礎しか学んでいない学生が少なくありません．「物理」なんて聞くと，それだけでのけぞってしまう．そのような学生の知識レベルをそろえることが必要であると痛感していました．ところが生物の先生や化学の先生に一連の講義をお願いすると，専門家だけにたいへん詳しい，難解な講義になってしまい，学生はすぐに飽きてしまいます．そこで物理や化学に関しては素人に近いのですが，医学・医療を学ぶために必要な知識に限定して，つまり生命現象を理解するために必要な知識のみをピックアップして，理科を網羅的に扱う本書の執筆に挑戦することにしました．うまくいったかどうか不安もあります．読者からのご指摘やアドバイスをぜひともお願いしたいと思っております．

　困ったことの第2は，最近の学生さんが本を読まないことです．レポートを課しても，教科書を開きさえすればそこに書いてあるのに，それをせずにインターネットで調べて見当はずれのことを書いてくるのです．そこで本書では，以前に組んで仕事をしたことがあるイラストレーターの村山絵里子氏に加わってもらい，イラストをふんだんに入れることにしました．私の文章を読んで，それに合った挿絵を自分で考えて描いてくれました．「楽しくわかる」という前置きをタイトルに入れることができたのも彼女のおかげで，イラストをお願いしてよかったと思っています．これで学生さんがページをめくる気を起こしてくれるのではないかと期待しています．

　最後になりましたが，生化学・分子生物学分野を校閲してくださった石井裕子博士，出版にあたっては羊土社の間馬彬大氏，中川由香氏にたいへんお世話になりました．ここに厚く御礼申し上げます．

2016年12月

岡田　隆夫

目次概略

- 第1章 世界を構成する物質 10
- 第2章 生体物質 28
- 第3章 身体内外の圧力 50
- 第4章 細胞 66
- 第5章 電気 86
- 第6章 遺伝情報 102
- 第7章 細胞分裂 118
- 第8章 人体の階層構造 136
- 第9章 ホメオスタシス 158
- 第10章 生体防御機構と免疫 176
- 第11章 成長と老化 194

目次

はじめに

第1章 世界を構成する物質 ... 10
- ①元素 ... 11
- ②原子と分子 ... 12
- ③水 ... 14
- ④電解質とイオン ... 19
- ⑤物質の濃度 ... 23
  - 1 ％濃度（重量％濃度） ... 23
  - 2 モル濃度 ... 24
  - 3 当量 ... 25
- ⑥酸と塩基，pH ... 25
- ▶知っ得！まめ知識1「1000倍や1/1000を表す名前」 ... 27
- ▶章末クイズ ... 27

第2章 生体物質 ... 28
- ①無機化学と有機化学 ... 29
- ②糖質，脂質，タンパク質 ... 30
  - 1 糖質 ... 31
  - 2 脂質 ... 34
  - 3 タンパク質 ... 37
- ③核酸とATP ... 39
- ④体液 ... 42
  - 1 細胞内液と細胞外液 ... 43
  - 2 体液のイオン組成 ... 44
  - 3 拡散 ... 45
- ▶知っ得！まめ知識2「数を表す接頭語」 ... 48
- ▶章末クイズ ... 49

第3章 身体内外の圧力 ... 50
- ①大気圧 ... 51
- ②血圧 ... 52

③分圧 57
④胸腔内圧 58
⑤浸透圧 60
⑥膠質浸透圧（こうしつ） 63
▶知っ得！まめ知識 3-1「ヘクトの意味」 65
▶知っ得！まめ知識 3-2「窒素の入手法」 65
▶章末クイズ 65

第4章 細胞 66

①いろいろな細胞 67
    1 上皮細胞 68
    2 脂肪細胞 68
    3 筋細胞 68
    4 神経細胞 69
    5 赤血球 69
    6 白血球 70
    7 精子 70
    8 卵（らん） 71
②細胞膜 71
    1 チャネル（channel） 73
    2 輸送体（transporter） 73
    3 受容体（レセプター：receptor） 74
    4 酵素（enzyme） 74
③核 75
④細胞小器官 77
    1 ミトコンドリア 77
    2 リボソーム 79
    3 小胞体 79
    4 ゴルジ装置 79
    5 リソソーム 79
    6 中心体 79
⑤栄養と代謝 79
⑥エネルギー 82
▶知っ得！まめ知識 4「ミトコンドリア病」 85
▶章末クイズ 85

第5章 電気　86

- ①電気とは　87
- ②静電気　88
- ③静止電位　90
- ④活動電位　93
- ⑤興奮の伝導　95
- ⑥興奮の伝達　98
- ▶知っ得！まめ知識5「心臓の収縮と拡張」　100
- ▶章末クイズ　101

第6章 遺伝情報　102

- ①染色体とゲノム　103
- ②DNAの情報に基づくタンパク質合成　104
- ③遺伝のメカニズム　108
- ④遺伝病　110
  - 1 常染色体遺伝病　110
  - 2 伴性遺伝病　113
- ⑤DNAの複製　114
- ▶知っ得！まめ知識6「乳癌」　116
- ▶章末クイズ　117

第7章 細胞分裂　118

- ①分裂する細胞としない細胞　119
  - 1 細胞分裂によって新旧交代を行う細胞　119
  - 2 分裂能を失ってしまう細胞　121
  - 3 必要に応じて活発に分裂する細胞　122
- ②細胞周期　123
  - 1 間期　123
  - 2 分裂期　124
- ③幹細胞　126
  - 1 多能性幹細胞　126
  - 2 組織幹細胞　128
- ④減数分裂　129
  - 1 第一分裂　130
  - 2 第二分裂　133

3 有性生殖の意義 …………………………………… 134
　　▶知っ得！まめ知識 7「性同一性障害」 ………… 135
　　▶章末クイズ …………………………………………… 135

第 8 章　人体の階層構造　　　136

　① 組織 …………………………………………………… 137
　　1 上皮組織 ……………………………………………… 137
　　2 支持組織 ……………………………………………… 138
　　3 筋組織 ………………………………………………… 142
　　4 神経組織 ……………………………………………… 143
　② 器官 …………………………………………………… 145
　③ 器官系 ………………………………………………… 148
　　1 循環器系 ……………………………………………… 148
　　2 呼吸器系 ……………………………………………… 150
　　3 消化器系 ……………………………………………… 151
　　4 泌尿器系 ……………………………………………… 152
　　5 神経系 ………………………………………………… 152
　　6 感覚器系 ……………………………………………… 154
　　7 内分泌系 ……………………………………………… 154
　　8 生殖器系 ……………………………………………… 154
　　9 運動器系 ……………………………………………… 155
　　▶知っ得！まめ知識 8「がんと腫瘍の関係」 …… 156
　　▶章末クイズ …………………………………………… 157

第 9 章　ホメオスタシス　　　158

　① ホメオスタシスの維持機構 ………………………… 159
　② 体温 …………………………………………………… 160
　③ 血圧 …………………………………………………… 163
　④ 血糖値 ………………………………………………… 165
　⑤ 水と電解質，浸透圧 ………………………………… 167
　⑥ 酸塩基平衡 …………………………………………… 169
　　▶知っ得！まめ知識 9「身体の熱」 ……………… 174
　　▶章末クイズ …………………………………………… 175

第10章 生体防御機構と免疫　176

- ①非特異的生体防御機構 …… 177
  - **1** 病原微生物の侵入を防ぐ …… 177
  - **2** 侵入した病原微生物と戦う …… 181
- ②特異的生体防御機構（免疫）…… 184
  - **1** リンパ組織 …… 184
  - **2** 液性免疫 …… 186
  - **3** ウイルスの増殖と細胞性免疫 …… 188
  - **4** 予防接種 …… 189
  - **5** アレルギーと自己免疫疾患，拒絶反応 …… 191
- ▶知っ得！まめ知識 10「リンパ球の名前の由来」…… 193
- ▶章末クイズ …… 193

第11章 成長と老化　194

- ①誕生 …… 195
- ②成長 …… 197
- ③老化 …… 200
  - **1** 循環器系 …… 201
  - **2** 呼吸器系 …… 201
  - **3** 消化器系 …… 201
  - **4** 泌尿器系 …… 201
  - **5** 神経系 …… 202
  - **6** 感覚器系 …… 203
  - **7** 生殖器系 …… 204
  - **8** 免疫系 …… 204
- ▶知っ得！まめ知識 11「老化」…… 205
- ▶章末クイズ …… 205

章末クイズ解答 …… 206
索引 …… 207

世界を構成する物質

　これから，私たちの身体がどのようなつくりをしていて，どのようにはたらいているのか，その大もとの基礎を理解するための作業をはじめます。私たちの身体も物質でできていますから，その物質の性質を研究する学問，つまり化学から話をはじめましょう。

① 元素

🔶 元素ってなんだろう？

　私たち自身の身体を含めて，この世のなかはさまざまな物質で満ちあふれています。これらの物質を構成するものを分析していったときに，化学的にはそれ以上分割できない最小の要素にたどりつきます。この要素のことを「**元素**」とよびます。

　酸素やナトリウムなどいろいろな元素がありますが，その頭文字または頭文字＋1文字の省略形で書き表されます。酸素（Oxygen：オキシジェン）なら頭文字のO，ナトリウム（Natrium★）なら最初の2文字でNaといった具合です。これを**元素記号**といいます。医学・医療関係の勉強をする際に知っておかなくてはならない元素記号は，そんなに多くはありません。知っておくべきなのは，

★これは古いよび名で，英語ではSodiumです。

- **生体組織の構成要素として**：炭素（C），水素（H），酸素（O），窒素（N）
- **体液に溶けている要素として**：ナトリウム（Na），カリウム（K），塩素（Cl），カルシウム（Ca），マグネシウム（Mg），リン（P），硫黄（S）
- **その他**：鉄（Fe），ヨウ素（I），水銀（Hg）

の14個くらいでしょう。

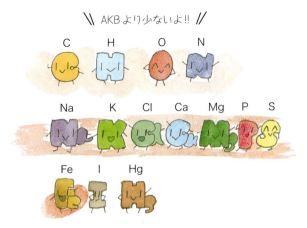

　なお，カルシウム（Ca）とリン（P）は骨の成分としても重要です。また，水銀（Hg）は正常な体内にはほとんど存在しませんが，圧力の単

位として医療の世界で広く用いられています。

元素にはそれぞれ性質がある

昔，メンデレーエフという学者が元素をその重さの順に並べてみたところ，共通する性質が周期的に現れることを発見しました。最初のうちは「それならアルファベット順に並べたらどうなんだ」などとからかわれたそうですが，しだいに科学的に意味のあることが認められるようになりました。

表1-1が元素の周期表です。例えば縦の1列目，水素（H）を除くNaやKなどはアルカリ金属とよばれ，化学反応を起こしやすく，一価の陽イオンになりやすいという性質があります*。一方，18列目のヘリウム（He）からはじまる列は不活性ガス（希ガス）とよばれ，とても安定した気体で，ほとんど化学反応を起こさないという性質があります。

★イオンについては後で説明します。

② 原子と分子

分子になると，元素は原子になる!?

元素と原子は区別のつきにくい名称ですが，元素が単に物質の名前を表しているのに対し，原子はその機能的意味を含んでいます。

表1-1 元素の周期表

周期\族	1	2	3	4	5	6	7	8	9	10	11	12	13	14	15	16	17	18
1	1 H 水素 1.008					表の見方												2 He ヘリウム 4.003
2	3 Li リチウム 6.941	4 Be ベリリウム 9.012			原子番号 元素記号 元素名（日本語） 原子量								5 B ホウ素 10.81	6 C 炭素 12.01	7 N 窒素 14.01	8 O 酸素 16.00	9 F フッ素 19.00	10 Ne ネオン 20.18
3	11 Na ナトリウム 22.99	12 Mg マグネシウム 24.31											13 Al アルミニウム 26.98	14 Si ケイ素 28.09	15 P リン 30.97	16 S 硫黄 32.07	17 Cl 塩素 35.45	18 Ar アルゴン 39.95
4	19 K カリウム 39.10	20 Ca カルシウム 40.08	21 Sc スカンジウム 44.96	22 Ti チタン 47.87	23 V バナジウム 50.94	24 Cr クロム 52.00	25 Mn マンガン 54.94	26 Fe 鉄 55.85	27 Co コバルト 58.93	28 Ni ニッケル 58.69	29 Cu 銅 63.55	30 Zn 亜鉛 65.38	31 Ga ガリウム 69.72	32 Ge ゲルマニウム 72.63	33 As ヒ素 74.92	34 Se セレン 78.96	35 Br 臭素 79.90	36 Kr クリプトン 83.80
5	37 Rb ルビジウム 85.47	38 Sr ストロンチウム 87.62	39 Y イットリウム 88.91	40 Zr ジルコニウム 91.22	41 Nb ニオブ 92.91	42 Mo モリブデン 95.96	43 Tc テクネチウム (99)	44 Ru ルテニウム 101.1	45 Rh ロジウム 102.9	46 Pd パラジウム 106.4	47 Ag 銀 107.9	48 Cd カドミウム 112.4	49 In インジウム 114.8	50 Sn スズ 118.7	51 Sb アンチモン 121.8	52 Te テルル 127.6	53 I ヨウ素 126.9	54 Xe キセノン 131.3
6	55 Cs セシウム 132.9	56 Ba バリウム 137.3	ランタノイド系	72 Hf ハフニウム 178.5	73 Ta タンタル 180.9	74 W タングステン 183.8	75 Re レニウム 186.2	76 Os オスミウム 190.2	77 Ir イリジウム 192.2	78 Pt 白金 195.1	79 Au 金 197.0	80 Hg 水銀 200.6	81 Tl タリウム 204.4	82 Pb 鉛 207.2	83 Bi ビスマス 209.0	84 Po ポロニウム (210)	85 At アスタチン (210)	86 Rn ラドン (222)
7	87 Fr フランシウム (223)	88 Ra ラジウム (226)	アクチノイド系	104 Rf ラザホージウム (267)	105 Db ドブニウム (268)	106 Sg シーボーギウム (271)	107 Bh ボーリウム (272)	108 Hs ハッシウム (277)	109 Mt マイトネリウム (276)	110 Ds ダームスタチウム (281)	111 Rg レントゲニウム (280)	112 Cn コペルニシウム (285)	113 Nh ニホニウム (278)	114 Fl フレロビウム (289)	115 Mc モスコビウム (289)	116 Lv リバモリウム (293)	117 Ts テネシン (294)	118 Og オガネソン (294)

表1-2 あいうえお表（周期表バージョン）

あ	か	さ	た	な	は	ま	や	ら	わ
い	き	し	ち	に	ひ	み		り	
う	く	す	つ	ぬ	ふ	む	ゆ	る	
え	け	せ	て	ね	へ	め		れ	
お	こ	そ	と	の	ほ	も	よ	ろ	を

　表1-2は単なる「あいうえお表」ですが，元素の周期表とよく似ています（周期表に合わせるために左右を逆転してあります）。例えば1列目は母音，2列目の「か行」はローマ字表記すれば「K＋母音」，「さ行」は「S＋母音」といった具合です。ここで出てくる「あ」や「ぬ」は何の意味もなく，音を表しているだけなので元素に相当します。

　しかし，他の文字と組み合わさると意味が発生します。「あ」と「め」が組み合わさって「あめ」となれば「雨」を意味しますし，「ぬ」の前に「い」がくっつけば「いぬ」で「犬」となります。このときの「あ」や「ぬ」が原子です。そして他の，あるいは同一の原子が結合して生じた「雨」や「犬」が分子に相当します。

　もちろん，分子は原子が2つだけくっついたものとは限らず，「こくりつかがくはくぶつかん（国立科学博物館）」のように，たくさんの原子が結合してできる分子もいくらでもあります。タンパク質などは何千何万個もの原子でできた巨大な分子です。

[元素]

あめ ➡ 雨

[原子]　　[分子]

私たちの身体は実に多様な分子で構成されています。タンパク質もそうですが、さまざまな脂質（脂肪）や、ブドウ糖★をはじめとする糖質（＝炭水化物＝含水炭素）もすべて分子です。

★ブドウ糖は英語でGlucoseというため、日本語でもグルコースとよぶことも少なくありません。

● 原子の重さ＝原子量

ちょっと話を原子に戻しましょう。元素の周期表の元素記号の下に数字〔例えば水素（H）では1.008〕が書いてあります。これが**原子量**で、その原子の重さを表しています。

分子となっても同じことで、食塩（塩化ナトリウム：NaCl）は原子量が約23のナトリウム（Na）と原子量が約35.5の塩素（Cl）が合体したものですから、NaClの**分子量**は

$$23 + 35.5 = 58.5$$

となります★。

★この原子量や分子量の単位については後の項⑤「物質の濃度」で述べることにします。

● 原子や分子が合体して新しい分子に

もう1つ、重要なことを述べておきましょう。原子と原子、あるいは分子と分子が合体して新しい分子ができます。先ほどの食塩の場合でしたら、

$$Na + Cl \rightarrow NaCl$$

となり、あるいは水素分子（H_2）2個と酸素分子（O_2）1個が合体して

$$2H_2 + O_2 \rightarrow 2H_2O$$

となります。つまり、**水素分子と酸素分子が反応して水（H_2O）という全く違う物質ができる**のです。

ここで、原子の数は矢印の左側と右側で全く変わっていないことに注意してください。矢印の左側では水素原子4個と酸素原子2個、矢印の右側でも同じです。化学の世界では、男女が合体してベビーが生まれて3人になるということはないのです。

③ 水

● 水は身近で特殊な存在

私たちの体重の60％を水が占めています（図1-1）。つまり、私たち

の身体の半分以上が水であるわけで，生きていくためには水は必須のものです。ありがたいことに，この必須の水は私たちの身のまわりにふんだんに存在します。海は満々と水をため，川には水が流れ，そして家庭でも蛇口をひねればいくらでも水が出てきます。あまりに身近な存在なのでついつい忘れてしまうのですが，「水」はきわめて特殊な，というか奇妙な液体なのです。

赤ちゃんでは体重の80％以上が水です

図1-1 体重の60％は水

● 特殊な理由① 軽いのに液体でいられる

第1に分子量です。水（H_2O）の分子量はHの原子量が1，Oの原子量が16ですから

$$1 \times 2 + 16 = 18$$

です。通常は，このような軽い物質は常温では気体として存在します。水より重い窒素分子（N_2：分子量；$14 \times 2 = 28$）や酸素分子（O_2：分子量；$16 \times 2 = 32$）が気体として空気を構成していることはご存知でしょう。ところが，**水は100℃にならないと気体（水蒸気）にはならない**のです。このおかげで私たちは液体としての水を体内に蓄えておくことができます。

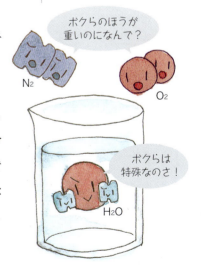

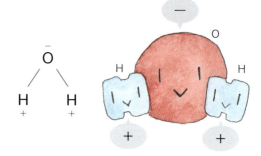

図1-2　水分子にはプラスとマイナスがある

特殊な理由②　化学反応が起こる場になる

なぜ液体としての水が体内にあることが大切なのか，それが第2の特徴です。

水は2個の水素原子（H）と1個の酸素原子（O）でできていますが，その分子のようすが図1-2に示されています。水分子の酸素端はわずかにマイナスに，水素端はわずかにプラスに帯電しています★。このように**水分子にはプラスとマイナスの極性があり**，これが第1の特徴である，軽い分子なのに気体ではなく液体として存在する理由になるのです。つまり，1つの水分子のプラスの水素端と他の水分子の酸素端のマイナスとが，ちょうど磁石のS極とN極とが引き付け合うように引き付け合い★，分子どうしが密集し，これによって軽い分子なのに液体になるのです（図1-3）。

さらに，食塩（NaCl）はプラスの電荷をもつナトリウム（Na^+）とマ

★その理由は次の項④「電解質とイオン」で説明します。

★次の項④で詳しく説明しますが，この引き付け合う力を水素結合とよびます。

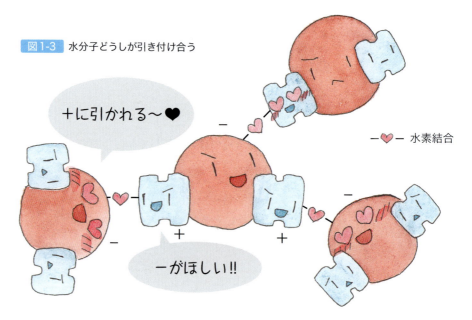

図1-3　水分子どうしが引き付け合う

図1-4 水の中での分離

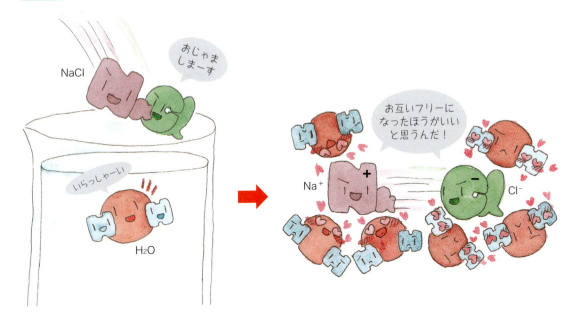

イナスの電荷をもつ塩素（Cl^-）とが合体しているものですが★，これが水の中に入ると，プラスの電荷をもつNa^+はマイナスに帯電している水分子のOに，マイナスの電荷をもつCl^-はプラスに帯電している水分子のHに引き付けられ，Na^+とCl^-とに電離します（図1-4）。電離したNa^+やCl^-のことを**イオン**，水に溶解するとイオンに電離する物質のことを**電解質**とよびます★。

イオンや分子が水に溶解すると，それらは水分子の間で衝突し合い，互いに反応し合います。つまり化学反応が起こります。このように**水は化学反応が起こる場として欠かせない**のです。後でもう少し詳しく説明しますが，生体内での多くの化学反応を触媒する酵素も，水の中でしかはたらきません★。

★プラスの電荷をもつイオンのことを陽イオン，マイナスの電荷をもつイオンのことを陰イオンといいます。

★実際上はイオンと電解質とを厳密に区別しないことのほうが多いので，両者の違いはあまり気にしないで結構です。

★酵素は第4章②-4で取り上げます。

特殊な理由③ 凍ると大きくなる

第3の特徴として，**液体である水が固体である氷に変わると容積が増える**という性質があります。ふつうの物質は固体のときが最も凝集していますから重く（つまり同じ重さで比べると最も小さく），溶けて液体になると軽くなり，さらに気化して気体になると最も軽くなります。ところが水は液体のときが最も重く，氷になると体積が増えて軽くなるのです（図1-5）。ですから氷は水に浮き，水はその表面から凍りはじめるの

です。このおかげで私たちはスケートを楽しむことができるのです。

スケートの件はどうでもよいとして、氷が水底に沈んでしまったとしたら湖の底は氷だらけになり、水草は育たず、結果として魚も住めなくなるでしょう。また、水底では太陽の熱も届きにくいですから氷は溶けにくくなり、地球は今よりもずっと寒い惑星になってしまうことでしょう。

● **他にもある特殊でありがたい性質**

それ以外にも、水は油のようにドロッとしておらず、とても流れやすいので物質の輸送（血流）に好適であること（図1-6）、熱容量が大きい、つまり温まりにくくかつ冷えにくいので体温を一定に保ちやすい、などなど、私たちにとってとてもありがたい性質をたくさんもっているのです。

図1-5　水は氷になると軽くなる

図1-6 水が流れやすくてよかった

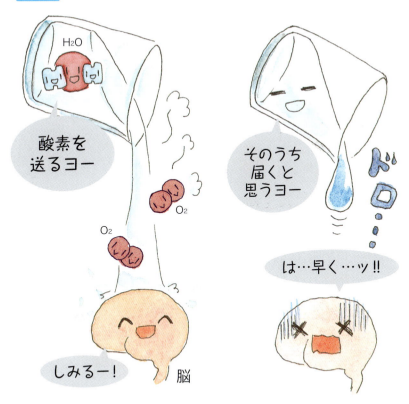

④ 電解質とイオン

　先ほどイオンの話が出てきましたが、ここは大切なのでもう少し詳しく説明しましょう。話がたびたび前後して申し訳ないのですが、もう一度、原子の話に戻らせてください。

🟠 まずは原子を分解してみよう

　原子はその中心に質量（重さ）のある原子核があり、その周囲をマイナスの電荷をもった電子が飛び回っています（図1-7）。原子核はプラスの電荷をもつ陽子と電荷をもたない中性子からなっています。そしてこの原子核を構成する陽子の数を**原子番号**★といいます。そして原子が電気的に中性（プラスでもマイナスでもない）のときには、陽子と同じ数の電子をもっています。

　原子核だの陽子、中性子などが出てくると拒絶反応を示す人がいそうですが、安心してください。今後出てくるのは**マイナスの電荷をもつ電子**

★原子番号：周期表の元素記号の左側に記された、水素（H）の1からはじまる整数。

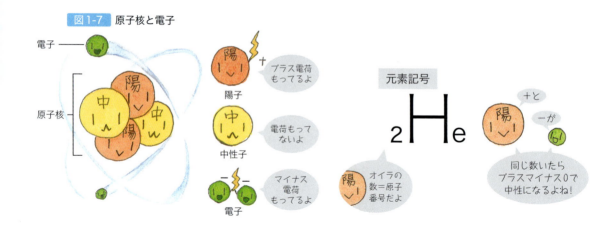

図1-7 原子核と電子

だけです。

図1-7の左側に示したのは，原子番号2のヘリウム（He）の原子核とそのまわりを回る電子のようすです。ただし，この図はわかりやすいように大きさを大幅に変えてあります。原子をJリーグのサッカー場に例えるなら，原子核はフィールドの中心に置かれたゴルフボール，電子は観客席最上段のあたりを飛び交っているコバエといったところでしょう。

🔸 電子の軌道は定員制

電子の飛び回る軌道（**電子殻**）は，実際は図1-7のように立体的で球状なのですが，描き表しにくいので，太陽のまわりを回る惑星のように同心円状に示します（図1-8）。

一番内側の軌道はK殻とよばれ，電子を2個まで収納することができ

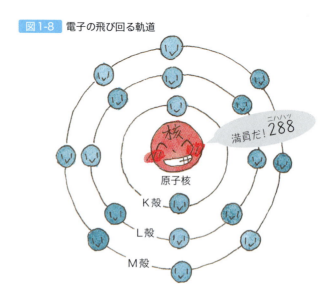

図1-8 電子の飛び回る軌道

ます。その外側の軌道がL殻で，電子は8個まで，その外側がM殻で，定員は一応18個までなのですが，8個入ると満足してさらに外側のN殻に移ります。

電子は内側の軌道から順に定員を埋めていきます。各軌道の定員が電子で満たされたとき（2，8，8と覚えてください）に，その物質は最も安定します。

● 電子を渡して分子になる

ここで再び食塩（NaCl）にご登場願いましょう。ナトリウム（Na）は原子番号が11ですから，K殻に2個，L殻に8個，そしてM殻に1個の電子が入ります（図1-9）。8個も電子が入ることのできるM殻に1個しか電子が入っていないので，どうにも落ち着きません。誰かに電子を1個もらってほしいと思うのは人情でしょう。

ここに格好のお相手がいます。原子番号17の塩素（Cl）です。K殻，L殻を電子で埋めて，M殻に7個が入っています。もう1個電子があれば，M殻の定員を埋めることができます（図1-10）。

ここでNaからClへと電子が1個受け渡されることになります。Naはマイナスの電子を1個失いますからプラスに帯電，Clは逆にマイナスの電子を1個受けとりますからマイナスに帯電することになります。そしてこのプラスとマイナスとが引き付け合って，NaClという新しい物質ができあがります（図1-11）。

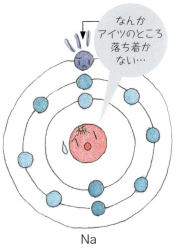

図1-9 Naだけだと落ち着かない

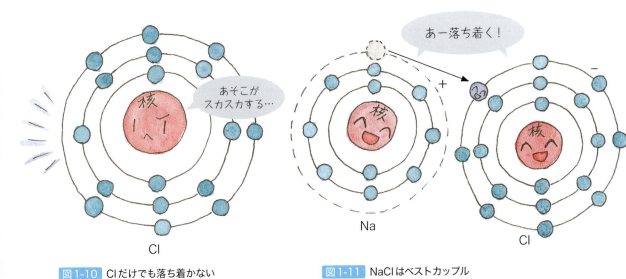

図1-10 Clだけでも落ち着かない　　図1-11 NaClはベストカップル

電子の受け渡しは1個とは限りません。原子番号20のカルシウム（Ca）ですが，電子を2個捨てることができればM殻の定員ちょうどになります。そこで2個の塩素原子（Cl）に電子を1個ずつ譲り，2個のClと結合します。つまり塩化カルシウム（$CaCl_2$）になります（図1-12）。

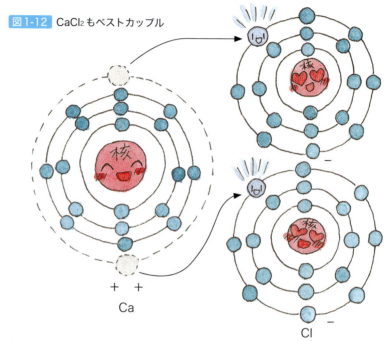

図1-12　$CaCl_2$ もベストカップル

💡 水の中だとどうして別れる？

　では，どうしてせっかくできたカップル（$CaCl_2$の場合は一夫多妻のようですが）も，水に溶けると別れてしまうのでしょう。

　先ほどは水分子に極性があるから，という言葉で逃げてしまいましたが，水（H_2O）は水素原子（H）と酸素原子（O）が**共有結合**という方式で結合しています（図1-13）。つまり，酸素原子Oと2個の水素原子Hがそれぞれ電子を仲良く共有するのです。こうすれば，HのK殻には電子が2個で安定，OもL殻の電子が8個で安定，これでめでたしめでたしとなります。

　ところがこの共有している電子ですが，HのK殻を回る時間よりもOのL殻を回るほうが時間がかかります★。つまり，マイナスの電荷をもつ電子が酸素の側にとどまる時間が長いために酸素端がわずかにマイナスに，水素端がわずかにプラスになるのです。これによって水分子どうし

★単純に軌道が長いからと考えてください。

図1-13 H₂Oは電子をHとOが共有してできる

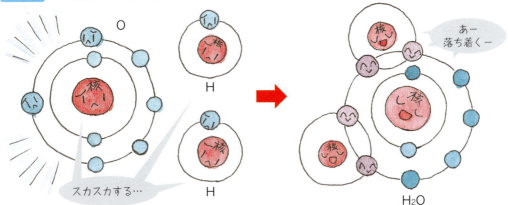

が軽く結合し合い，常温でも液体でいることができるのです。水分子どうしのこのような結合を**水素結合**といいます。

さて，水の中で電離して生じたイオンですが，Naは電子を1個失った分だけプラスになりますからNa^+，Clは電子を1個もらった分だけマイナスになりますからCl^-と書き，それぞれ1価の陽イオン，1価の陰イオンとよびます。Caの場合は電子を2個失っていますからCa^{2+}と書き，2価の陽イオンとよびます。もちろん2価の陰イオンもありますし，3価の陽イオンや陰イオンもあります。

⑤ 物質の濃度

水の中にはいろいろな物質が溶解します。単位容積（ある一定の容積）あたりの水にその物質がどのくらい溶けているのかを表しているのが**濃度**です。よく使われる濃度には次の2種類があります。

1 ％濃度（重量％濃度）

食塩10 gを秤量★し，これに水を加えて1 Lとすれば，1 L＝1000 gなので

$$10 \div 1000 = 0.01$$

で，1％の食塩水になります。きわめて単純でわかりやすいですね。5％のブドウ糖液とか，海水の塩分濃度は3％だ，といったように日常的によく使われます。

★秤量：はかり（秤）で重さをはかること。

2 モル濃度

● 同じ重さでも分子の数は違う

　％濃度は単純明快でわかりやすいのですが，分子によって重さが異なりますので，同じ10 gをとって1％の溶液をつくったとしても，その溶液中に溶けている分子の数は違ってきます。例えば食塩（塩化ナトリウム：NaCl）の分子量は，先ほども計算しましたが

　$23 + 35.5 = 58.5$

でした。一方，塩化カルシウム（$CaCl_2$）の分子量は

　$40 + 35.5 \times 2 = 111$

です。分子量は$CaCl_2$のほうが2倍近く大きいのですから，同量の1％溶液に含まれる$CaCl_2$分子の数はNaCl分子の半分くらいしかないのです。

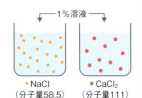

1％溶液
・NaCl（分子量58.5）　・$CaCl_2$（分子量111）

● 原子量や分子量はどうはかる？

　原子と分子についての話のなかで，原子量や分子量とは原子や分子の重さですが，その単位については後で述べるといいました。ここでその説明をしましょう。

　すべての原子や分子などの粒子は，気体になると同一体積の中に同じ数の粒子が含まれることがわかりました。22.4 Lの，例えば炭素（C）のガスには6.02×10^{23}個★の炭素原子が含まれます。これの重さをはかったところ12.01 gでした。これが原子量です。水素（H）でも酸素（O）でも同じことで，22.4 Lのガスに含まれるそれぞれの原子の数は同じ6.02×10^{23}個で，その重さが原子量であるそれぞれ1.008 gと16.00 gなのです（図1–14）。

★これをアボガドロ数といいますが，医療関係者はこんな数字を覚える必要はありません。

● ここでモルの登場！

　そこで，ある分子を6.02×10^{23}個集めたものを**1 mol**（モル）とよぶことになりました。炭素原子Cなら，12 gを1 Lの水に溶かしたときの濃度が1 mol/Lです。mol/Lは慣習的に**M**と書き表すことも少なくありません。

　NaClと$CaCl_2$の場合に立ち返って考えると，NaClなら分子量の58.5 gを1 Lの水に溶かせば1 Mになりますし，$CaCl_2$なら111 gを1 Lの水に溶かせば同じ1 Mになるわけです。

　生体内での分子やイオンの濃度は低いですから，濃度としてはMの1/1000の単位であるmM（ミリモル）のほうがよく使われます★。

★27ページまめ知識1参照。

図1-14 22.4 Lのガスに含まれる原子の重さ＝原子量

3 当量

イオンの場合，水に溶けている粒子の数よりも電荷の数のほうが重要であることがしばしばあります。molに電荷の数をかけたものを当量とよび，**Eq（イクイバレント）**という単位を使います。

これも生体内での濃度は低いですから，1/1000を表すmをつけて**mEq（ミリイクイバレント，略してメックとよぶことが多い）**がよく使われます。Na^+は1価ですから例えば10 mM = 10 mEq/Lですが，Ca^{2+}でしたら2価ですから10 mM = 20 mEq/Lとなります。

6 酸と塩基，pH

● 酸や塩基ってどんなもの？

水に溶けると水素イオン（H^+）を電離する物質のことを**酸**，水酸化物イオン（OH^-）を電離する物質のことを**塩基**とよびます。酸が多いことを**酸性**，塩基が多いことを**アルカリ性**といいます。H^+とOH^-が反応すれば

$$H^+ + OH^- \to H_2O$$

でただの水となりますので，これを**中和する**といいます。

酸の代表的なものは塩酸（HCl）で，水に溶けると

H⁺発生中

$$HCl \rightarrow H^+ + Cl^-$$

となってH⁺が発生します。生体内でも酸はたくさん発生しています。その代表的なものが乳酸〔$CH_3CH(OH)COOH$〕で，

$$CH_3CH(OH)COOH \rightarrow CH_3CH(OH)COO^- + H^+$$

となってH⁺を発生します。乳酸は激しい筋収縮によって発生し，このH⁺が筋疲労の原因となります。

塩基の代表は水酸化ナトリウム（NaOH）で，水に溶けると

$$NaOH \rightarrow Na^+ + OH^-$$

となってOH⁻が発生します。生体内でいうと，体の古くなったタンパク質が分解されて生じるアンモニア（NH_3）は水と反応して

$$NH_3 + H_2O \rightarrow NH_4^+ + OH^-$$

となります。

$NH_4^+ + OH^-$ 排出

● pHはH⁺濃度で決まる

水素イオン（H⁺）の濃度によって酸性度を表したのがpHで，H⁺濃度1MをpH 0，その1/10をpH 1，1/100をpH 2といった具合に，pH 14までの15段階で表します（表1-3）。ちょうど真ん中のpH 7が中性で，それより数が減れば酸性度が強くなり，数が増えればアルカリ度が強くなります。私たちの血漿★のpHは7.40ですから，弱アルカリ性といえます。

★血漿：血液のうち細胞成分を除いた液体成分をいいます。

表1-3 H⁺濃度とpHの関係

H⁺濃度（mol/L = M）

H⁺濃度	1	10^{-1}	10^{-2}	10^{-3}	10^{-4}	10^{-5}	10^{-6}	10^{-7}	10^{-8}	10^{-9}	10^{-10}	10^{-11}	10^{-12}	10^{-13}	10^{-14}
pH	0	1	2	3	4	5	6	7	8	9	10	11	12	13	14

← 酸性　　　中性　　　アルカリ性 →

1の1/10が10^{-1}，1/100が10^{-2}，1/1000が10^{-3}…と，1/10倍するたびに右肩の数字がマイナス方向に増えていきます。

知っ得！まめ知識 1

1000倍や1/1000を表す名前

すべてのものに基準となる単位があります．長さならメートル（m），濃度ならモル（M）です．そしてこの基準となる単位の1000倍ごと，あるいは1/1000ごとに名前がつきます．

- 1 メガ（M）の1000倍（基準の10^9倍）：ギガ（G） [例] 情報の量ならGB（B：バイト）
- 1 キロ（k）の1000倍（基準の10^6倍）：メガ（M） [例] 情報の量ならMB
- 基準の1000倍（基準の10^3倍）：キロ（k） [例] 長さならkm，重さならkg
- 基準 [例] 長さならm，重さならg，濃度ならM，情報の量ならB
- 基準の1/1000（基準の10^{-3}倍）：ミリ（m） [例] 長さならmm，濃度ならmM
- 1 ミリ（m）の1/1000（基準の10^{-6}倍）：マイクロ（μ） [例] 長さならμm，濃度ならμM
- 1 マイクロ（μ）の1/1000（基準の10^{-9}倍）：ナノ（n） [例] 長さならnm，濃度ならnM
- 1 ナノ（n）の1/1000（基準の10^{-12}倍）：ピコ（p） [例] 濃度ならpM

章末クイズ

正しい文章には○を，誤った文章には×をつけなさい．

❶ 水分子のH端はプラスに，O端はマイナスに帯電している． □
❷ 電子はプラスの電荷をもっている． □
❸ 食塩（NaCl）分子は水中ではNa^+とCl^-に電離する． □
❹ ある物質1 gを1 Lの水に溶かした濃度が1 mol/Lである． □
❺ 血漿のpHは正常では7.40である． □

➡ 解答は206ページ

第2章

生体物質

　第1章では化学の基礎的な部分を勉強しました。この章ではもう少し進めて，私たちの身体を構成している物質，あるいは私たちの身体内で起こっている化学反応がどのようなものであるのかを勉強していきましょう。

① 無機化学と有機化学

炭素があれば有機，なければ無機

第1章で取り扱った分子，例えば水（H_2O）や塩類★，塩酸（HCl）や水酸化ナトリウム（$NaOH$）などはすべて構造が単純で，炭素（C）を含んでいません。このような分子を**無機化合物**とよびます。ただし例外的に，二酸化炭素（CO_2）と，CO_2が水と反応して生じる炭酸（H_2CO_3）および炭酸水素イオン（HCO_3^-）は無機化合物ですが，Cを含んでいます。

一方，私たちを含む動植物の身体を構成する分子は**有機化合物**とよばれ，必ずCを含み，このCがつながった炭素鎖に水素（H）や酸素（O），窒素（N）などが結合した複雑な構造をとります。また，炭素鎖がリング状（いわゆる亀の子）になることも珍しくありません。第1章③で述べたように，私たちの身体の60％は水ですが，残りの40％のほとんどがこの有機化合物からなっています。有機化合物のことを研究する学問のことを，化学のなかでも特に生化学といいます。

★ 塩類：塩化ナトリウム（$NaCl$）や塩化カルシウム（$CaCl_2$）のことをまとめて塩類といいます。

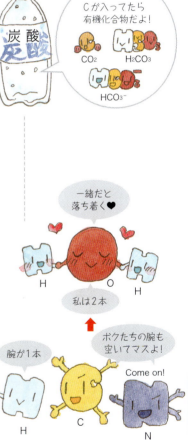

原子にある腕？

ここでもう一度，第1章④「電解質とイオン」の項を見直してください。原子番号1のHは電子を1個しかもっていませんので，他の原子と1個の電子を共有することでK殻に電子が2個となって安定します。つまり，腕が1本しかないのです。原子番号6のCはK殻に2個，L殻に4個の電子をもちますので，他の原子とさらに4個の電子を共有するとL殻の電子が8個となって安定します。つまり，Cには腕が4本あると考えてください。同様に原子番号7のNには3本，原始番号8のOには2本の腕があります（図2-1）。腕の数のことを価といいます。例えばOは2価，Cは4価です。

図2-1 原子がもつ腕

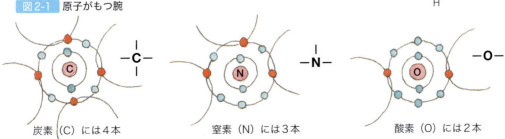

炭素（C）には4本　　窒素（N）には3本　　酸素（O）には2本

② 糖質，脂質，タンパク質

大切な三大栄養素

有機化合物の代表格が，**糖質（炭水化物），脂質（脂肪），タンパク質**です。これらは**三大栄養素**ともよばれ，私たちは食事として日常的に摂取しています。これらはエネルギー源として重要であるばかりではなく，私たちの身体を構成する要素としても重要です。

タンパク質は消化・吸収された後，私たち自身のタンパク質につくり変えられて，筋肉やコラーゲンなどの線維となって私たちの身体を形づくります。脂質も，ちょっと意外かもしれませんが，細胞膜の主要な構成要素です★。図2-2は細胞膜のようすを模式的に表したものです。脂質の一種であるリン脂質の二重の膜の間にタンパク質が島のように散在しています。そしてこのタンパク質には糖の鎖がついており，細胞の機能に重要なはたらきをします。

さて，糖や脂質，タンパク質が一体どんなものであるのかを，もう少し詳しくみていきましょう。

★細胞については第4章で詳しく解説します。

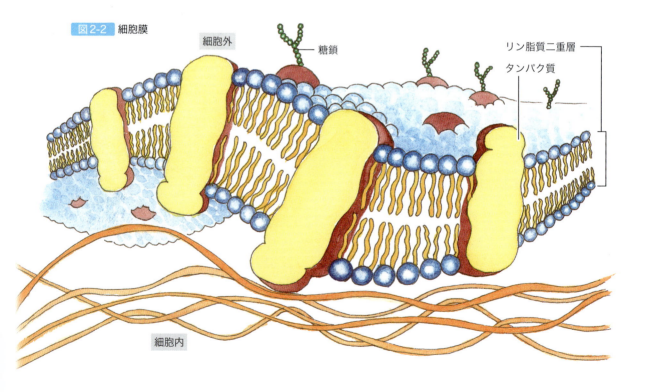

図2-2 細胞膜

1 糖質

単糖は1個だけからなる

糖質の代表は**グルコース（ブドウ糖）**です。化学式では$C_6H_{12}O_6$ですが，その構造は図2-3Aのようになっています。骨格となっている炭素（C）はいちいち書くのが面倒なので，図2-3Bのように省略して表すのがふつうです。このグルコースのように，亀の子1個だけからなる糖を**単糖**といいます。

その他の単糖としては，**ガラクトース**と**フルクトース（果糖）**だけを覚えておけばよいでしょう（図2-4）。フルクトースが五角形であることに注意してください。

2個つながると二糖類

そして，単糖が2個つながったものを**二糖類**とよびます。これも3つだけ覚えてください（図2-5）。

まず，**スクロース（ショ糖）**です。聞いたことがないかもしれませんが，いわゆる砂糖です。このスクロースはグルコースとフルクトースがくっついたものです。

同様に，グルコースとガラクトースがつながったものが**ラクトース（乳糖）**で，母乳や牛乳に多く含まれ，赤ちゃんの栄養源になります（もちろん，成人でも）。

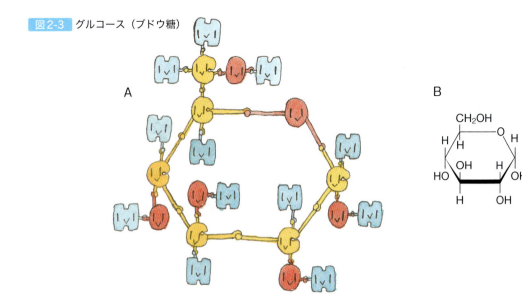

図2-3 グルコース（ブドウ糖）

図 2-4　ガラクトースとフルクトース（果糖）

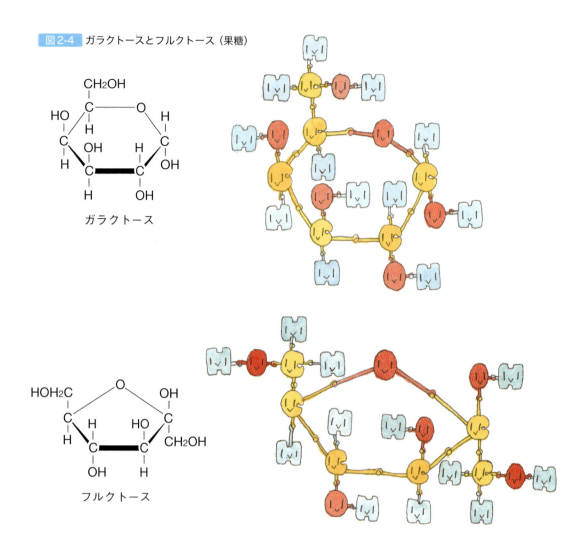

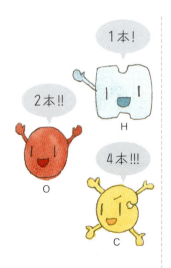

そしてグルコースが 2 個つながったのが**マルトース（麦芽糖）**で，水アメの材料になります。ここで図 2-3 〜 5 を見て，先ほど述べた腕の数を確認してください。水素（H）は腕 1 本，酸素（O）は 2 本，炭素（C）は 4 本，ちゃんと合っていますか？

● 3 個以上だと多糖類

単糖が 3 つ以上つながったものをまとめて**多糖類**とよびます。これも 3 つだけ覚えてください（図 2-6）。

でんぷんはご存知ですね。グルコースがいくつもつながったもので，ご飯やパン，パスタなどに含まれ，私たちの主要な糖質供給源となっています。

図 2-5　代表的な二糖類

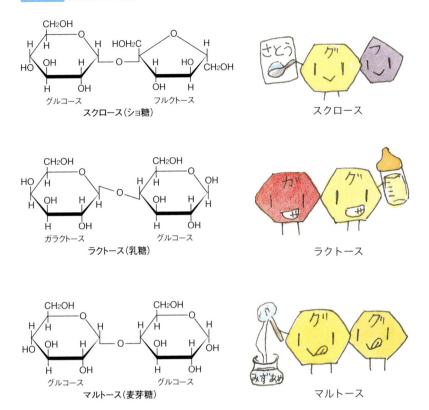

　グリコーゲンも名前は聞いたことがあるでしょう。食事をするとでんぷんが分解されて，たくさんのグルコースが体内に吸収されます。これを一度に使ってしまうことはできませんので，吸収されたグルコースをつなげてグリコーゲンを合成し，肝臓や筋肉に蓄えておくのです。そして食事と食事の間，血液中のグルコースが足りなくなってくると，随時このグリコーゲンが分解されてグルコースとなり，血液中に放出されてエネルギー源として利用されます。

　3番目が**セルロース**です。私たちはこれを消化することができません。消化できませんから，そのまま便として捨てられるのですが，水分を腸管内に吸い出す作用★を発揮するので，便通を整える効果を発揮します。いわゆる**食物繊維**というのはセルロースです。ウシやウマ，ウサギなどの草食動物は，腸内細菌の力を借りて，このセルロースをグルコースにまで分解してもらって栄養として吸収しています。食物繊維まで消化・

★**浸透圧**といいます。第3章⑤で説明します。

図2-6 代表的な多糖類

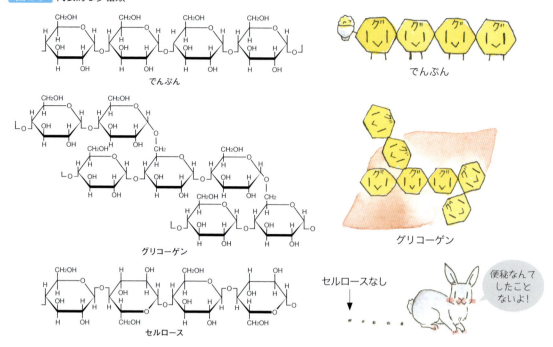

でんぷん

グリコーゲン

セルロース

セルロースなし

便秘なんてしたことないよ！

吸収してしまうので，彼らの便はパサパサ，コロコロですね。どうして便秘しないのでしょう。不思議です。

2 脂質

　脂質とは何か。この定義ははっきりとはしていません。生物の体に含まれる，水に溶けない物質，とでも理解しておいてください（ちょっと無責任なような感じですが）。

● いわゆる脂肪＝中性脂肪

　いわゆる脂肪とは**中性脂肪**のことを指します。中性脂肪は**トリグリセリド**ともよびますし，**トリアシルグリセロール**とよばれることもあります。どの言葉もよく使いますが，同じことです。中性脂肪の化学構造を図2-7に示します。図の上の部分がグリセリンで，これに脂肪酸が3つくっついたものです★。ここで，脂肪酸がグリセリンに結合する部分に注目してください。炭素（C）と酸素（O）とが「−」ではなく「＝」で二重に結合しています。これを**二重結合**といいます。

　脂肪酸にはいくつもの種類があります。そしてCどうしが二重結合で結ばれているものがあります。このような脂肪酸を**不飽和脂肪酸**とよび

★トリグリセリドやトリアシルグリセロールの頭のトリとは3を意味します（48ページまめ知識2）。

ます（二重結合が1つもないのが**飽和脂肪酸**です）。表2-1に示しますが，名前を聞いたことがある脂肪酸も少なくないだろうと思います。グリセリンにくっつく脂肪酸の違いによって，中性脂肪にもいくつもの種類があります。

さらに，脂肪酸が1個はずれて，そこにリン酸が結合したものが**リン脂質**（図2-8），糖が結合したものは**糖脂質**とよばれます。リン脂質は先ほど説明した細胞膜の主成分です（図2-2）。リン酸部分は水に溶ける（水溶性）のに対し，脂肪酸部分は溶けない（疎水性）ため，リン酸部分を外側に，脂肪酸部分を内側にして，ちょうどサンドウィッチのような

C = C

これを見つけたら不飽和脂肪酸だよ！

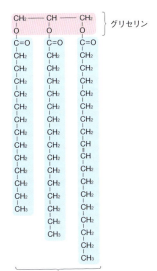

図2-7 中性脂肪はグリセリン＋脂肪酸3つからなる

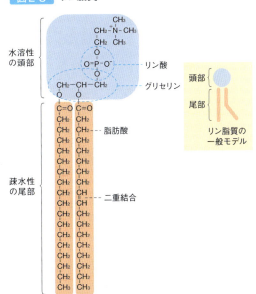

図2-8 リン脂質

表2-1 脂肪酸にはいくつもの種類がある

炭素数	構造	慣用名	融点(℃)
飽和脂肪酸			
12	$CH_3(CH_2)_{10}COOH$	ラウリン酸	44.2
14	$CH_3(CH_2)_{12}COOH$	ミリスチン酸	53.9
16	$CH_3(CH_2)_{14}COOH$	パルミチン酸	63.1
18	$CH_3(CH_2)_{16}COOH$	ステアリン酸	69.6
不飽和脂肪酸			
18	$CH_3(CH_2)_7CH=CH(CH_2)_7COOH$	オレイン酸	13.4
18	$CH_3(CH_2)_4CH=CHCH_2CH=CH(CH_2)_7COOH$	リノール酸	−5
18	$CH_3CH_2CH=CHCH_2CH=CHCH_2CH=CH(CH_2)_7COOH$	リノレン酸	−11
20	$CH_3(CH_2)_4CH=CHCH_2CH=CHCH_2CH=CHCH_2CH=CH(CH_2)_3COOH$	アラキドン酸	−49.5

リン脂質の二重層となっています。

重要な脂質，コレステロール

もう1つの重要な脂質として，**コレステロール**があげられます（図2-9）。コレステロールと聞くと，**動脈硬化**（正確には粥状動脈硬化）を引き起こす悪者といったイメージがあるかもしれません。しかしコレステロールは，私たちにとってとても重要なものなのです。

細胞膜はリン脂質の二重層でできていますが（図2-2），コレステロールも全脂質の20％くらい含まれ，細胞膜の流動性の調節，イオン透過性を低下させるほか，細胞膜を通しての物質輸送にも重要な役割を果たしています。また，性ホルモン★をはじめとする各種ステロイドホルモンの材料としても重要です（図2-10）。

★ホルモン：特定の器官でつくられ，血流に乗って情報を伝える物質（第8章③-7でも解説します）。

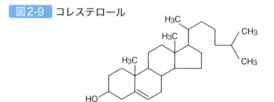

図2-9 コレステロール

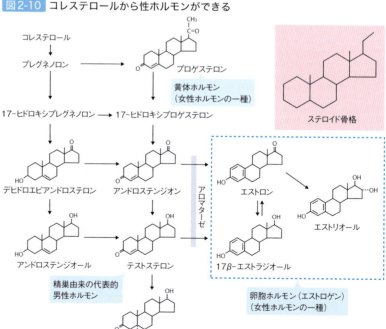

図2-10 コレステロールから性ホルモンができる

3 タンパク質

タンパク質は20種類の**アミノ酸**（表2-2）がいろいろな順序で結合してつくられています。

表2-2をじっくりと見ると気づかれると思いますが，プロリンを除くどのアミノ酸も $-NH_2$（これを**アミノ基**といいます）と $-COOH$（これは**カルボキシル基**★とよばれます）をもっています。つまり，アミノ基とカルボキシル基を両方もっている物質の総称がアミノ酸なのです★。表2-2の備考欄に記載されている**必須アミノ酸**とは，私たちの体内では合成できないため，食物として摂取しなくてはならないアミノ酸という意味

★高校では「カルボキシ基」と習ったと思いますが，医療界では「カルボキシル基」とよびます。

★プロリンは正確にはイミノ酸といいますが，通常はアミノ酸に含めます。

表2-2 アミノ酸

分類	名称	構造	略号	備考
中性アミノ酸	グリシン (Glycine)	CH_2-COOH ｜ NH_2	Gly (G)	
	アラニン (Alanine)	$CH_3-CH-COOH$ ｜ NH_2	Ala (A)	
	プロリン (Proline)	$CH-COOH$ ｜ NH	Pro (P)	
	バリン (Valine)	CH_3 ＼ CH_3／$CH-CH-COOH$ ｜ NH_2	Val (V)	必須アミノ酸
	ロイシン (Leucine)	CH_3 ＼ CH_3／$CH-CH_2-CH-COOH$ ｜ NH_2	Leu (L)	必須アミノ酸
	イソロイシン (Isoleucine)	CH_3-CH_2 ＼ CH_3／$CH-CH-COOH$ ｜ NH_2	Ile (I)	必須アミノ酸
	メチオニン (Methionine)	$CH_3-S-(CH_2)_2-CH-COOH$ ｜ NH_2	Met (M)	必須アミノ酸
	フェニルアラニン (Phenylalanine)	⌬$-CH_2-CH-COOH$ ｜ NH_2	Phe (F)	必須アミノ酸
	チロシン (Tyrosine)	$HO-$⌬$-CH_2-CH-COOH$ ｜ NH_2	Tyr (Y)	
	トリプトファン (Tryptophan)	$-CH_2-CH-COOH$ ｜ NH_2	Trp (W)	必須アミノ酸
	セリン (Serine)	$HO-CH_2-CH-COOH$ ｜ NH_2	Ser (S)	
	トレオニン (Threonine)	OH ｜ $CH_3-CH-CH-COOH$ ｜ NH_2	Thr (T)	必須アミノ酸
	システイン (Cysteine)	$HS-CH_2-CH-COOH$ ｜ NH_2	Cys (C)	
	アスパラギン (Asparagine)	O ‖ $H_2N-C-CH_2-CH-COOH$ ｜ NH_2	Asn (N)	
	グルタミン (Glutamine)	O ‖ $H_2N-C-(CH_2)_2-CH-COOH$ ｜ NH_2	Gln (Q)	
酸性アミノ酸	アスパラギン酸 (Aspartic acid)	$HOOC-CH_2-CH-COOH$ ｜ NH_2	Asp (D)	
	グルタミン酸 (Glutamic acid)	$HOOC-(CH_2)_2-CH-COOH$ ｜ NH_2	Glu (E)	
塩基性アミノ酸	アルギニン (Arginine)	$H_2N-C-NH-(CH_2)_3-CH-COOH$ ‖ ｜ NH NH_2	Arg (R)	
	リシン (Lysine)	$H_2N-(CH_2)_4-CH-COOH$ ｜ NH_2	Lys (K)	必須アミノ酸
	ヒスチジン (Histidine)	$-CH_2-CH-COOH$ ｜ NH_2	His (H)	必須アミノ酸

私たち2人がいたらアミノ酸です！

アミノ基

カルボキシル基

アミノ酸→ペプチド→タンパク質

アミノ酸が2個つながったものがジペプチド，3個つながったものがトリペプチド，10個くらいまでのものをペプチド*，それ以上（厳密な区別はないのですが）のものをポリペプチドといいます。図2-11にアミノ酸が84個つながったポリペプチドであるパラソルモン（カルシウム代謝を調節するホルモン）のアミノ酸配列（一次構造）を示します。さらに多くのアミノ酸がつながったものがタンパク質です。つまり**ペプチドもタンパク質も本質は同じもので，アミノ酸の数が違うだけ**なのです。

そして，ポリペプチドを構成するアミノ酸どうしの引き合いや反発によって，らせん状あるいは波状の構造となり（二次構造；図2-12），三次元的な立体構造（三次構造；図2-13），さらには2つ以上のポリペプチドが会合して1つの複合タンパク質をつくり上げる（四次構造；図2-14）ことも少なくありません。

体内にはいろいろなタンパク質がある

私たちの体内には10万種類を超えるタンパク質が存在するといわれています。すでにいろいろなタンパク質が存在することをお話ししてきました。筋肉を構成するタンパク質はもちろんですが，コラーゲンや，細胞膜

★オリゴペプチドということもあります。オリゴとは「少ない」という意味です。

図2-11 パラソルモンのアミノ酸配列

H₂N-Ser-Val-Ser-Glu-Ile-Gln-Leu-Met-His-Asn-Leu-Gly-Lys-His-Leu-Asn-Ser-Met-Glu-Arg-
　　　　　　5　　　　　　　　　　10　　　　　　　　　　15　　　　　　　　　　20
Val-Glu-Trp-Leu-Arg-Lys-Lys-Leu-Gln-Asp-Val-His-Asn-Phe-Val-Ala-Leu-Gly-Ala-Pro-
　　　　　　25　　　　　　　　　　30　　　　　　　　　　35　　　　　　　　　　40
Leu-Ala-Pro-Arg-Asp-Ala-Gly-Ser-Gln-Arg-Pro-Arg-Lys-Lys-Glu-Asp-Asn-Val-Leu-Val-
　　　　　　45　　　　　　　　　　50　　　　　　　　　　55　　　　　　　　　　60
Glu-Ser-His-Glu-Lys-Ser-Leu-Gly-Glu-Ala-Asp-Lys-Ala-Asp-Val-Asn-Val-Leu-Thr-Lys-
　　　　　　65　　　　　　　　　　70　　　　　　　　　　75　　　　　　　　　　80
Ala-Lys-Ser-Gln-COOH

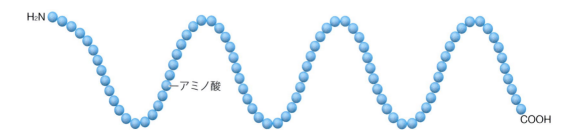

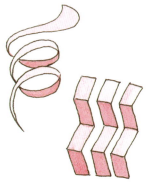
図2-12 二次構造；らせん状や波状

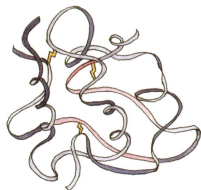
図2-13 三次構造；三次元的な立体構造

図2-14 四次構造；ポリペプチドが会合した複合タンパク質

を構成するタンパク質などが出てきました。それ以外にも各種の酵素はすべてタンパク質ですし，各種のホルモンとしてはたらくタンパク質，私たちの身体を外敵から守ってくれる抗体もタンパク質，酸素を結合して血流に乗って運搬してくれるヘモグロビンもタンパク質です。

このように数多くの重要な役割を担っているタンパク質をどのようにつくり上げるか，そのレシピが書き込まれているのが，次に述べる核酸によって構成される遺伝子です。

すべてタンパク質

③ 核酸とATP

● DNAは核酸の代表格

核酸といわれてもピンとこない人でも，**DNA**ならご存知でしょう。「あいつは親から遊び人のDNAを受け継いでいるよ」などとよく使います。DNAは遺伝子の本体となるものですが，これが代表的な核酸です。

核酸は，**ヌクレオチド**とよばれるものがいくつもつながってできています（図2-15）。ヌクレオチドは塩基と五炭糖，そしてリン酸が結合したものです。

● 核酸を構成するヌクレオチドを詳しくみてみよう

ここでヌクレオチドの構成要素1つひとつについてもう少し詳しく説明しましょう。

塩基は図2-16のように窒素（N）を含む環状の構造です。環が2つ

図2-15 ヌクレオチドは塩基＋五炭糖＋リン酸からなる

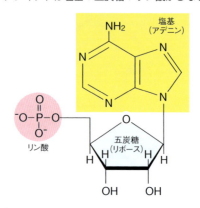

図2-16 塩基と五炭糖（デオキシリボースとリボース）

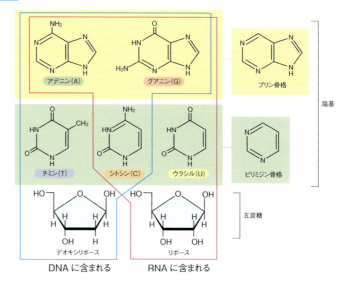

★これらを塩基とよぶのは，これらが水に溶けるとpHが上昇する，つまりアルカリ性になるからですが，酸−アルカリとは関係ありませんので，たまたまアルカリと同じ名前になってしまったのだと理解してください。

★五角形でもフルクトースは炭素が6個ありますので，六炭糖になることに注意してください。

あるプリン骨格と，環が1つだけのピリミジン骨格の2種類があります。プリン骨格に−NH₂がくっついたものがアデニン（A），＝Oがくっついたものがグアニン（G）です。ピリミジン骨格のほうはチミン（T），シトシン（C），ウラシル（U）の3種類があります★。

次に**五炭糖**です。グルコースなどは炭素が6個つながっているので六炭糖，それに対し炭素が5個しかないのが五炭糖で，フルクトース（図2-4）のような五角形になります★。五炭糖にはいろいろな種類がありますが，ここでは2つだけを覚えてください。**デオキシリボース**と**リボース**の2つです（図2-16）。

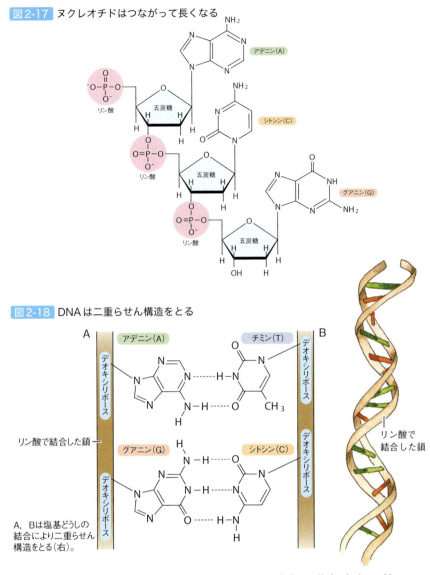

図2-17 ヌクレオチドはつながって長くなる

図2-18 DNAは二重らせん構造をとる

A, Bは塩基どうしの結合により二重らせん構造をとる（右）。

そして**リン酸**は，図2-15の左側のようにリン（P）に酸素（O）が結合したものです。そしてリン酸を介して五炭糖が結合し，鎖のように長くつながります（図2-17）。

●DNAは二重らせんになる

五炭糖としてデオキシリボースをもつものがデオキシリボ核酸（deoxyribonucleic acid：DNA），リボースをもつものがリボ核酸（ribonucleic acid：RNA）とよばれます。DNAではリン酸によって結合した五炭糖の鎖2本がらせん状となり，さらにグアニンはシトシンと，アデニンはチミンと結合して二重らせん構造をとります（図2-18）。

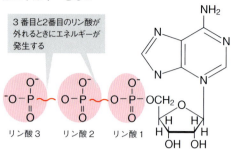

図2-19 ATPはエネルギーをもつ

3番目と2番目のリン酸が外れるときにエネルギーが発生する

リン酸3　リン酸2　リン酸1

★AMPや次に出てくるADP，ATPの欧文中のmono, di, triの意味については，48ページまめ知識2を参照してください。

グルコース

ATP

エネルギー通貨としてはたらくヌクレオチド，ATP

図2-15に示したヌクレオチドは，アデノシン1リン酸（adenosine mono-phosphate：AMP）とよばれます★。これにもう1個リン酸が結合したものがアデノシン2リン酸（adenosine di-phosphate：ADP），そしてさらにもう1個リン酸が結合したのがアデノシン3リン酸（adenosine tri-phosphate：ATP；図2-19）です。

2個目と3個目のリン酸の結合が「-」ではなく「〜」で表されていることに注意してください。「〜」は高エネルギー結合とよばれており，ATPからリン酸が1個はずれると，エネルギーが放出されることを意味します。このエネルギーが細胞の代謝やさまざまな活動，例えば細胞内の環境を整えたり，筋の収縮を引き起こしたり，ホルモンを分泌したり，といった仕事に利用されます。

ATPはグルコースが分解するときにできますが，グルコース1分子から38分子ものATPがつくられます。つまり，グルコースはあまりに多くのエネルギーを含んでいるので，これを小分けして使っているのです。コンビニで買いものをするときには，1万円札1枚をもっているよりも千円札10枚のほうが使いやすいのと同じことです。このことから，ATPは細胞のエネルギー通貨ともよばれています。

④ 体液

身体の中にある水分の話

しばらく生化学の話が続いたので，うんざりしてしまった読者もおら

れるかもしれませんね。ここでちょっと気分を変えて、生体物質のなかでも最も多くを占める水の話に戻りましょう。

第1章③では水の化学的性質について解説しましたが、ここでは身体の中の水分、これを**体液**とよびますが、その体液の組成や分布、そしてとても重要な現象である「拡散」について説明します。

1 細胞内液と細胞外液

前にヒトでは体重の約60％を水が占めると書きました★。もちろん、この値は動物の種類によって違います。クラゲやナメクジでは体重の90％かそれ以上が水です。一方でカブトムシなどの甲虫はカラカラに乾いていそうにみえますが、それでも体重の45％程度を水が占めているのです。

★第1章③参照。

● 体液の多くは細胞内液

さてこの水ですが、身体の中のどこにあるのでしょうか。体液のうちの2/3（体重の40％）は細胞の中にあり、これを**細胞内液**とよびます（図2-20）。細胞については第4章でもう少し詳しく説明しますが、私

図2-20 身体の中の水

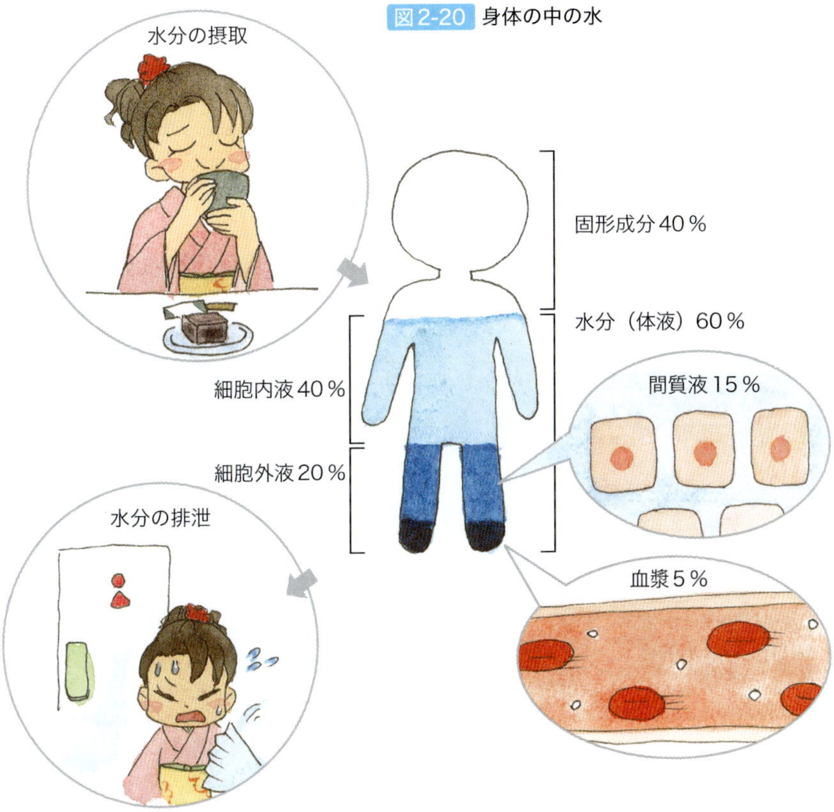

水分の摂取

固形成分 40％
水分（体液）60％
細胞内液 40％
細胞外液 20％
間質液 15％
血漿 5％

水分の排泄

たちの身体は約60兆個の細胞で構成されていると見積もられています。この細胞の中でさまざまな化学反応が起こって代謝が営まれているわけですが，前にも書きましたように，化学反応は水溶液の中でしか起こらない★ので，細胞の中には多量の水が入っているのです。

★第1章③参照。

残りの1/3（体重の20％）は細胞の外にあり，**細胞外液**とよばれます（図2-20）。細胞外液の大部分（3/4；体重の15％）は細胞と細胞の間にある水で，これを**間質液**とよびます。そして細胞外液の1/4（体重の5％）が**血漿**（けっしょう）です。血漿とは血液の液体成分のことで，この血漿の中に，酸素を運ぶ赤血球や体内に侵入した細菌などの異物をやっつける白血球（図2-21）などが浮かんでいるのが血液だ，と理解してください。

2 体液のイオン組成

体液は蒸留水のような純粋な水ではなく，水の中にいろいろな物質が溶けています。特に大切なのがイオンです。そしてこの溶けているイオンの組成が，細胞外液と細胞内液とで大きく異なっているのです。

図2-22を見てください。細胞外液では陽イオンとしてはナトリウムイオン（Na^+），陰イオンとしては塩素イオン（Cl^-）が圧倒的多数派を占めます。一方，細胞内液では陽イオンとしてはカリウムイオン（K^+）が断然多く，陰イオンではリン酸イオン（HPO_4^{2-}）が多くなってい

図2-21 赤血球と白血球

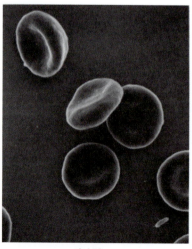

赤血球

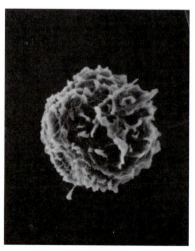

白血球

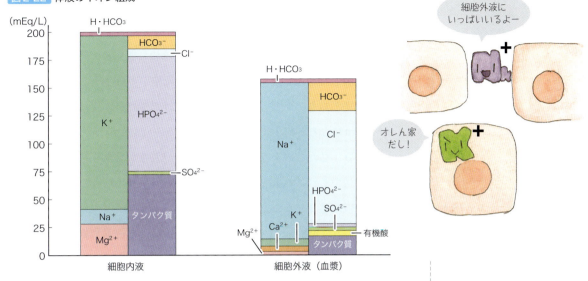

図2-22 体液のイオン組成

す。くり返しますが，**細胞外液ではNa⁺が多く，細胞内液ではK⁺が多い**という点はしっかりと頭に刻み込んでおいてください。これを知っておくことが後で大切になってきます★。

★詳しくは第5章③「静止電位」と④「活動電位」でお話しします。

3 拡散

● 濃いところから薄いところへ

コップに水を汲み，そこに青インク（赤でも何でもよいのですが）を1滴垂らしてみましょう。最初のうちは垂らしたところが濃い青に染まっていますが，放っておくと，しだいにコップの水全体が薄青くなっていくでしょう（図2-23）。これが**拡散**です。同じ分子あるいは粒子どうしは互いに反発し合い，ぶつかり合ってしだいに離れていきます（図2-24）。言葉を変えていえば，物質には濃度の高いところから低いところへと移動する性質があるのです。

細菌やプランクトンのような微小な生物には，心臓も肺もありません。それでも彼らが生きていけるのは，水中に溶けている酸素が，生物が消費したせいで酸素濃度が低くなっている体内へと拡散してくるからです。同様にこれらの生物の代謝の結果として生じた老廃物は，濃度の高い体内から，濃度の低い体外へと拡散していきます。

● 長距離輸送には向かない

ところが当然ながら，距離が大きくなれば拡散によって移動するのに時間がかかります。拡散によって移動するのに要する時間は，距離の2乗に比例して増大します。酸素の場合，距離が$10\mu m$★であれば0.015秒，文字どおりアッという間に拡散によって移動できるのですが，距離が1 mmになると約3分，1 cmでは約4.5時間もかかってしまうのです。

つまり，私たちのように身体のサイズが大きな生きものの場合，短距離の輸送であれば拡散で充分なのですが，長距離の輸送のためには別の輸送手段が必要になります。これが**血流**です。心臓というポンプによって拍出された血液は，1秒間に40～50 cmのスピードで流れ，生命維持のために必要な酸素や栄養素，そして老廃物をすばやく運んでくれます。一方，短距離の輸送ですむ，肺における酸素の血液中への移動，そして血液から末梢組織への酸素や栄養素の供給，老廃物の末梢組織から血液中への移動★は拡散によっています（図2-25）。

★μmは1mmの1/1000（27ページまめ知識1参照）。

★この末梢組織での物質のやりとり（栄養素をもらい，老廃物をわたす）を物質交換といいます。

図2-23 垂らしたインクは拡散により薄くなる

図2-24 粒子どうしがぶつかり合って拡散が起こる

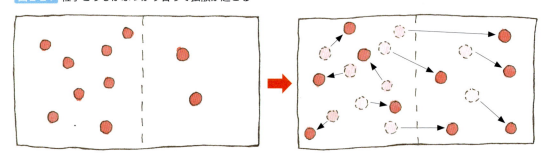

これはちょうど宅配便のようなものです。長距離の輸送は飛行機やトラック（血流）で行いますが，トラックへの荷物の積み込みやトラックから家のドアまで運ぶといった短距離の輸送は，お兄さんが徒歩（拡散）で運んでくれるのです。

図2-25 長距離輸送は血流で，短距離輸送は拡散で

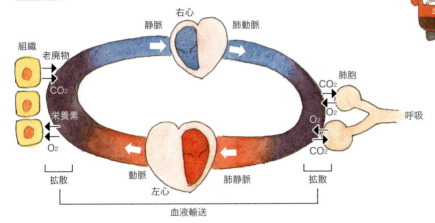

知っ得！まめ知識 2

数を表す接頭語

- **1つ：モノ（mono）**
  化学の例：adenosine monophosphate（AMP：アデノシン1リン酸）
  日常語の例：モノトーン（mono tone；1つだけの色で塗られている）
- **2つ：ジ（di）**
  化学の例：adenosine diphosphate（ADP：アデノシン2リン酸））
  日常語の例：ジレンマ（板挟み）
- **3つ：トリ（tri）**
  化学の例：adenosine triphosphate（ATP：アデノシン3リン酸）
  日常語の例：トリオ（3人組）
- **4つ：テトラ（tetra）**
  化学の例：tetracycline（テトラサイクリン；抗生物質の一種）
  日常語の例：テトラポッド（波消し用のコンクリートの塊）
- **5つ：ペンタ（penta）**
  化学の例：ペントース（pentose：五炭糖）
  日常語の例：ペンタゴン（米国国防省の建物は五角形のためこのようによばれる）
- **6つ：ヘクサ（hexa）**
  化学の例：ヘクソース（hexsose：六炭糖）
  日常語の例：（思いつきません。六炭糖は「6人の屁，クサ〜」とでも覚えますか）

（中略）

- **たくさん：ポリ（poly）**
  化学の例：ポリペプチド（polypeptide）
  日常語の例：ポリエチレン（エチレンがたくさんつながったもの）

章末クイズ

正しい文章には○を，誤った文章には×をつけなさい。

❶ 炭素原子（C）1個は2個の酸素原子（O）と結合することができる。　□
❷ 細胞膜の主要構成成分は糖質（炭水化物）である。　□
❸ アミノ酸がいくつもつながってできているのが脂質である。　□
❹ 塩基＋六炭糖＋リン酸からなるヌクレオチドがつながって核酸となる。　□
❺ 物質は濃度の高いほうから低いほうへと拡散する。　□

解答は206ページ

身体内外の圧力

　圧力は物理学や地学でしばしば扱われる力ですが，私たちの身体の中でも意外に重要なはたらきをしています。高血圧のために毎日薬を服用している方が身近にいる読者も多いと思いますし，しょっちゅう立ちくらみが起きて悩んでいる女子学生の方も少なくないと思います。これらは血圧が高すぎたり，低すぎるために起こっていることですが，血圧以外にもさまざまな圧力が私たちの身体の内外ではたらいています。

① 大気圧

あらゆる方向から全身にかかっている圧力

　最初に，私たちの身体の外側からかかっている圧力について考えてみましょう。

　地球の表面は空気の層によってとりまかれています。私たちはこの空気を呼吸することによって生きています。空気の約80％が窒素（N_2）で，残りの約20％が酸素（O_2）からなっています★。窒素も酸素も物質ですから重さがあります。つまり，私たち地上に住む生きものには，この空気の重さによる圧力が常にかかっているのです。私たちは上下，左右，あらゆる方向からこの圧力を受けているために，何も感じていないだけなのです。空気の重さによるこの圧力を，**大気圧**とよびます。

　海抜ゼロメートルでの正常な大気圧が1気圧であり，空気の層が厚くなって空気の重さによる圧力が増加した状態を高気圧，台風のように空気に渦巻きが発生して，その中心のくぼんだ，つまり空気の層が薄くなった状態が低気圧です（図3-1）。

★二酸化炭素（CO_2）やアルゴンなどのガスもありますが，微々たるものですので，ここでは無視します。

全身あらゆる方向から圧力がかかっているゾ!!

図3-1　空気の層が薄い低気圧，厚い高気圧

● 1 気圧の大きさは？

圧力は単位面積（ある一定の面積）あたりにかかる力〔単位はN（ニュートン）〕であり，1 N/m² を1 Pa（**パスカル**）とよびます。1 気圧は101325 Paに相当しますが，気象用語ではこれに1/100をかけた1013 hPa（**ヘクトパスカル**）がよく用いられます★。台風の強さを表す単位として耳にされた読者も多いことでしょう。台風は低気圧ですから，「950 hPaの強い台風」などとテレビの台風情報で放送しています。

一方，医学関係では**mmHg**という単位がよく使われます★。1 気圧は760 mmHgに相当します。**Torr**（**トール**と読む）という単位も用いられますが，これはmmHgと全く同じもので，1 mmHg＝1 Torrです。ちょっとまぎらわしいのですが，②の血圧ではmmHgが，③の分圧ではTorrが一般に使われています。くり返しますが，mmHgとTorrは全く同じです。

★ 65ページまめ知識3-1参照。

★ mmHgについては次の②「血圧」で詳しくお話しします。

② 血圧

● 最高と最低がある

心臓は拡張してその腔内に血液をため，次いで勢いよく収縮することでその血液を大動脈内に拍出します（図3-2）。拍出された血液は大動脈を

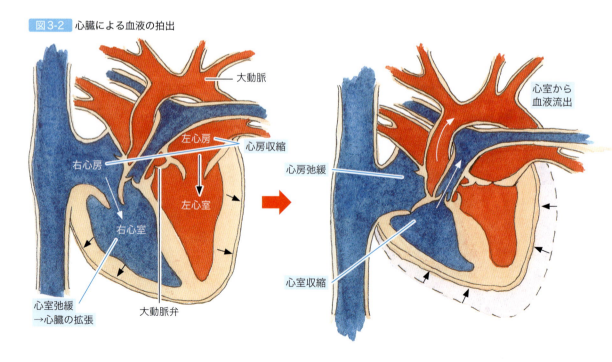

図3-2 心臓による血液の拍出

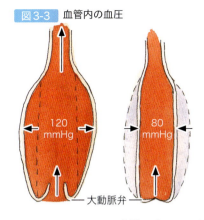

図3-3 血管内の血圧

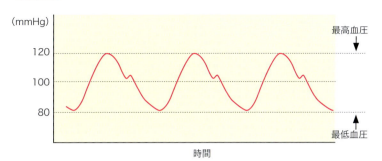

図3-4 最高血圧と最低血圧は交互に現れる

膨らませるとともに末梢へ向かって流れます。血液が心臓から拍出されると，大動脈内の血液による圧力は上昇し，最高値を記録します。この値は**最高血圧**あるいは**収縮期血圧**（いわゆる"上"の血圧）とよばれます。

心臓からの血液拍出が終わると，心臓（心室）は拡張して再び腔内に血液を満たすのですが，このときには大動脈弁が閉じており（図3-2左），膨らんだ大動脈が弾性によってもとに戻ろうとして中の血液を圧迫するため，血圧は最高血圧よりは低下しますが，まだかなり高い値に維持されます（図3-3）。血圧が一番低くなったときの値を**最低血圧**あるいは**拡張期血圧**（いわゆる"下"の血圧）とよびます。

健康な若い人では，最高血圧／最低血圧は120/80 mmHgほどです（図3-4）。

100 mmHgの血圧ってどのくらい？

ここで，医学系でよく使われる圧力の単位であるmmHgが何を意味するかを考えてみましょう。

mmHgの最初のmmは小学校で習った長さの単位，ミリメートルに他なりません。次のHgは水銀の元素記号です。水銀は，温度計によく用いられる，常温では液体の銀色の金属です。つまり100 mmHgとは，水銀を100 mm持ち上げるだけの圧力という意味で，100**ミリメートル水銀柱**と読みます。

まだ意味がよくわかりませんね。では水銀を水に置き換えてみましょう。水銀は金属ですから重く，その比重は13.5です。つまり，1 cm³（1 mL）の水は1 gですが，水銀1 cm³は13.5 gあります。水で水銀の代用をしようとすると，13.5倍の量が必要になります（図3-5）。ですから100 mm

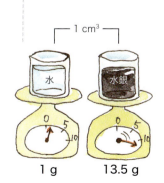

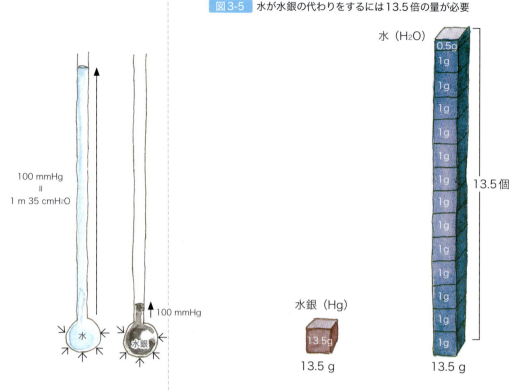

図3-5 水が水銀の代わりをするには13.5倍の量が必要

★正確には血液の比重は男性で1.057,女性で1.053程度。

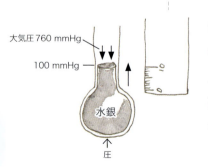

の水銀柱を水柱に換算すれば，100 mm × 13.5 = 1350 mmの水柱，つまり1 m 35 cmH₂Oとなります。

血液の比重は水とほとんど同じ★ですから，1 m 35 cm血液柱です。これは，何も抵抗がなければ，100 mmHgの血圧とは心臓から1 m 35 cmの高さまで血液を噴き上げる圧力にほかなりません。チャンバラ映画で悪漢が主人公に刀で切られ，血が噴き出すシーンがときどきありますが，あの噴き出す血がどのくらいの高さまで上がるか，が血圧で決まるのです。200 mmHgの高血圧の人でしたら，1 m 35 cmの2倍，2 m 70 cmのみごとな赤い噴水が噴き上がるでしょう（図3-6）。

ここでちょっと注意してください。先ほど述べたように，私たちの身体の周囲には760 mmHgの大気圧がかかっています。血圧100 mmHgの人なら，その大気圧に逆らってさらに1 m 35 cmの高さまで血が吹き上がるのです。つまり血圧が100 mmHgとは，大気圧よりも100 mmHg高い（これを**陽圧**といいます）ということを意味しています。絶対値でいえば760 + 100 = 860 mmHgとなります（こんな絶対値で血圧を取り扱うことは，それこそ絶対ありませんが）。

高い圧力はなぜ必要？

　心臓から大動脈に拍出された血液には，前に述べたように120/80 mmHgという高い圧力がかけられています。なぜ高い圧力をかける必要があるのでしょうか。

　まず，血液の流れを考えてみましょう。心臓から続く大動脈からいくつもの動脈が分枝し，これらがさらに枝分かれして細くなり，やがて細動脈から直径が4〜7 μmというきわめて細い毛細血管となります。ここで組織との間での物質交換★を行った後，細静脈，静脈へとつぎつぎに合流し，最終的に上下の大静脈となって心臓の右心房を経て右心室に戻ります（図3-7）。

★第2章p46参照。

　この長い経路を流れる間に圧力はしだいに低下し（図3-8），心臓（右心房）に戻ってくるときにはゼロmmHgに近く★，つまりほとんど大気圧と同程度の圧になっています。つまり，最初の動脈のところで高い圧をかけておかないと，細くなった血管の抵抗に打ち勝って心臓に再び戻ってくることができないのです。また，脳は心臓よりも上にあります。重

★正確には，4〜7 mmHg；このような低い圧の場合は水柱で表すことが多く，5〜10 cmH₂O。

図3-6　高血圧の人ほど高く噴き上がる

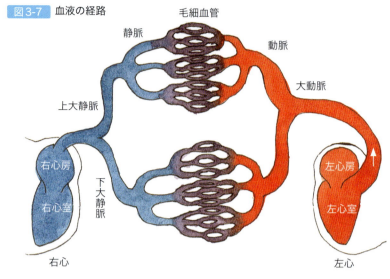

図3-7 血液の経路

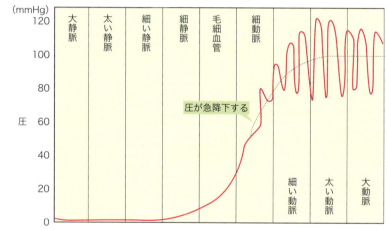

図3-8 血圧はどんどん低くなり、静脈ではほぼゼロに

力に逆らって脳に血液を送るためには，ある程度の高い圧力をかけて，それこそ噴き上げる必要があります。

それでもときどき圧力が不足して，脳の血流が足りなくなることがあります。脳の神経細胞が酸素不足になってはたらきが悪くなり，くらくらしたり，気持ち悪くなったり，ひどければ失神してしまいます。これがいわゆる立ちくらみ，あるいは脳貧血，医学的には**起立性低血圧**とよばれる状態です★。

人間よりもはるかに首が長いキリンでは，高いところにある脳まで血液を送るため，血圧は200 mmHgほどの高いレベルに維持されています。

★一般の人はこの"脳貧血"を省略して単に"貧血"とよぶことが多いですが，本当の意味の貧血は酸素の運び手である赤血球が不足した状態を指しますので，間違えないように注意してください。

尿をつくるためにも圧力が必要

高い血圧が必要な理由は他にもあります．代謝の結果生じた不要・有害な物質は，尿として排泄されます．尿は腎臓でつくられますが，このとき，血液を押し出す（濾過する）ためにある程度（60 mmHg程度）の血圧が必要です．血圧がこれよりも低くなってしまうと尿がつくれなくなり，**尿毒症**とよばれる生命にかかわる病態に陥ってしまいます．

③ 分圧

酸素と窒素，それぞれの圧

空気の重さによる大気圧が760 Torr（mmHg）であること，空気が80％の窒素と20％の酸素でできていることは先ほど述べました．ですから大気圧のうち，酸素に由来する圧は760 × 0.2 = 152 Torrであり，これを**酸素分圧**とよびます．同様に窒素分圧は760 × 0.8 = 608 Torrですが，こちらはあまり使いません（65ページまめ知識3-2参照）．

水の中にもこの酸素分圧（152 Torr）で酸素が溶け込みます．魚はこの溶け込んだ酸素をエラで呼吸することによって体内に取り込んでいるのです．小さな金魚鉢で多くの金魚を飼おうとすると，酸欠で死んでしまうことがあります．これは，金魚が取り込む酸素の量が，酸素分圧によって金魚鉢の水に溶け込む酸素の量を上回り，水中の酸素が足りなくなってしまうからです．

血液に溶け込んだ酸素の圧

魚とは異なり，私たちはエラではなく肺で呼吸をしています．肺から血液中に酸素が溶け込むわけです（図3-9）．肺において酸素が多量に溶け込んだ血液（これを**動脈血**といいます）の酸素分圧は，正常では100 Torr程度です．

くり返しになりますが，血圧が100 mmHgといったときは大気圧よりも100 mmHg高いことを意味し，動脈血の酸素分圧が100 Torr（mmHg）といったときには血液中に溶け込んだ酸素の量を意味します．値が近いのでまぎらわしいのですが，全く違うものであることに注意してください．

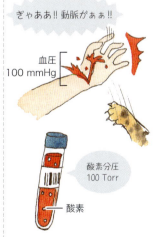

図3-9 肺から血液中に酸素が溶け込む

④ 胸腔内圧

🔴 肺を膨らませる力

　肺は，胸郭とよばれる，脊柱（背骨），肋骨，胸骨で囲まれたカゴのような構造の中に入っています（図3-10A）。そして肋骨と肋骨の間には肋間筋とよばれる筋肉が，そしてカゴの底面には横隔膜があり，外部とは遮断されています（図3-10B）。

　胸郭と肺との間には狭いすきまがあり，これを胸膜腔といいます。胸膜腔の内圧（**胸腔内圧**）は大気圧よりも低く，つまり**陰圧**となっています。このため，気管によって外界とつながっている肺は，常にある程度膨らんだ状態にあるのです。

🔴 肺が空気を吸い込むしくみ

　これは，底の抜けたガラスびんの底にゴム膜を張り，びんの口にガラス管を通したゴム栓をし，このガラス管に風船を結び付けたものにたとえることができるでしょう（図3-11A）。ガラスびんが胸郭，底のゴム膜が横隔膜，ガラス管が気管，そして風船が肺と考えてください。底のゴム膜を下方に引っ張ってみましょう。ゴム膜が引っ張られた分だけガ

ラスびんの容積が増えます。なかの空気の量は一定なので（ガラスびんの中の空気は外界とは隔てられています），なかはより陰圧になります。このためにガラス管を通して外界の空気が吸い込まれ，風船が膨らむのです（図3-11B）。

私たちは横隔膜を収縮させて下方に移動させ，さらにガラスびんではできませんでしたが，胸郭を拡張させて肺を膨らませて，空気を吸い込んでいるのです。

図3-10 胸の構造；ここに肺が入っている

図3-11 肺で空気を吸い込むしくみ

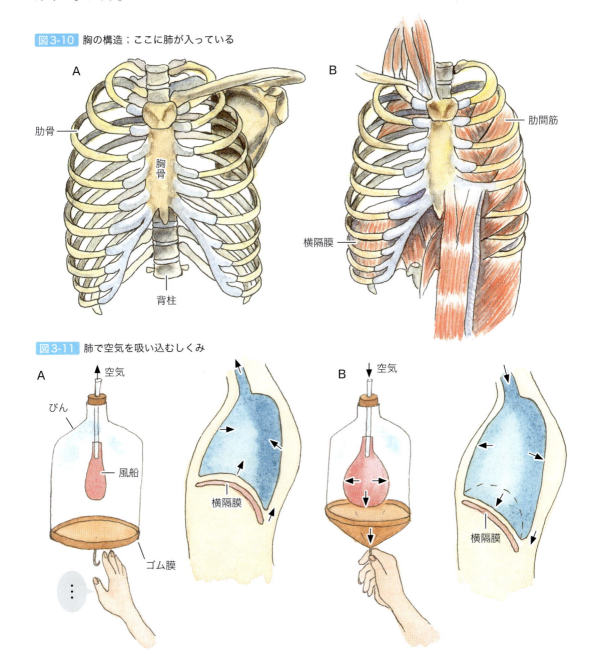

⑤ 浸透圧

浸透圧という言葉はあまり聞き慣れないかもしれません。ここまで説明してきた圧★とはちょっと性質の違う圧です。しかし、私たちの身体の中ではこの浸透圧がとても大切な役割を果たしており、この浸透圧を一定に保つために、身体にはさまざまな調節メカニズムが備わっているのです。

★大気圧や血圧、胸腔内圧などがありましたね。

🟥 浸透圧ってどんなもの？

浸透圧の説明をはじめる前に、浸透圧がどのような力を発揮するのか、その身近な例をあげましょう。

ナメクジに塩をかけて退治した経験のある読者も少なくないと思います。ナメクジに塩をかけると、ナメクジの体はみるみる縮んで見えなくなってしまい、残るのはベトッと湿った塩だけです。ここではたらいている力が浸透圧なのです。塩によってナメクジの体内の水が吸い出されるのです。第２章④で書きましたが、ナメクジの体の90％近くが水ですから、ナメクジの体が消えたように縮んでしまうのです。

🟥 水が吸い出される理由

ここで、中央に仕切りのある容器を考えてください。仕切りの右側に蒸留水を、左側に同量の塩水を入れます（図3-12A）。仕切りに比較的大きな孔が開いていれば、両者は拡散（第２章④-❸参照）によって混じり合い、全体が薄い塩水になるでしょう。

ところが、仕切りの孔が小さくて、水は通りますが、その水に溶けている食塩（NaCl）は通れない場合はどうなるでしょう。水は両者の濃度差が小さくなる方向、つまり仕切りの右側から左側へと流れ込み、右側の水面は低下し、左側の水面が上昇します（図3-12B）。このときの水面の高さの差に相当する圧力（この図では2 cmH₂O）が浸透圧です。

なぜ右側（蒸留水）から左側（塩水）へと水が流れるのか、それはこう考えてください。水そのものの量を考えると、塩水では食塩の分量だけ水が少ないのです。食塩を除いた状態で比較すると、図3-12Cのようになります。右側の水面のほうが高いですから、水はその圧力によって左側へと流れ込むのです。

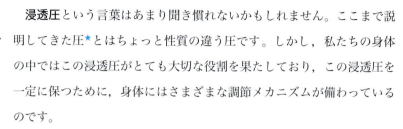

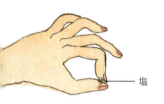
塩

やっやめろよぉぉぉ!!

第3章 身体内外の圧力

浸透圧は細胞にもはたらく

　水（**溶媒**という）は通すが，水に溶けているもの（**溶質**という）は通さない膜のことを，**半透膜**といいます。この半透膜というものはそんなに珍しいものではありません。先ほどのナメクジの体の表面をおおう膜も半透膜ですし，私たちの身体を構成している細胞の周囲をとり囲んでいる細胞膜も半透膜です。

　ですから，細胞の周囲（間質液や血漿）の塩分濃度が高いと浸透圧が高くなり（これを**高張**といいます），先ほどのナメクジの場合と同様に，水を細胞内から吸い出してしまい，細胞は縮んで機能できなくなってしまいます（図3-13A）。逆に，細胞周囲の塩分濃度が低くて浸透圧が低いと（これを**低張**といいます），水が細胞内に流れ込み，細胞は膨れ上がります（図3-13B）★。

★体液の浸透圧と等しい場合は**等張**といいます。

　図3-14の右側は，正常な赤血球を高張の食塩水に漬けたときの電子顕微鏡写真です。金平糖のように縮んでおり，これでは酸素を運ぶという仕事はできません。低張の食塩水に漬けた場合は，赤血球内に水が流

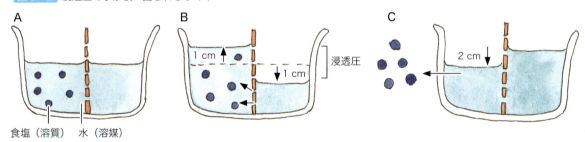

図3-12　浸透圧で水が吸い出されるしくみ

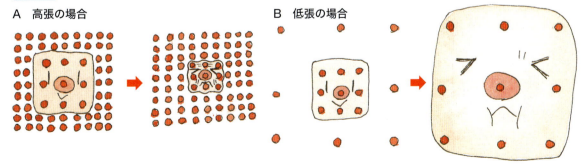

図3-13　細胞は周囲が高張だと縮み，低張だと膨らむ

61

図3-14 赤血球を高張に漬けると縮む

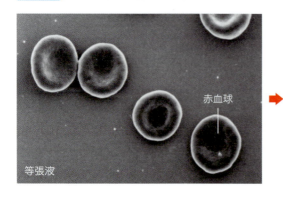
等張液

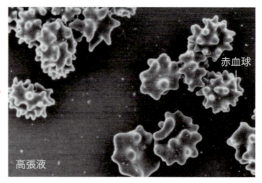
赤血球
高張液

れ込んで破裂して中身が流れ出してしまい，細胞膜だけになってしまうので，写真でお目にかけることができません。

このように，浸透圧は細胞のはたらき具合に大きな影響を与えるために，血液の浸透圧が一定になるように厳密に調節されています。体内の水分が不足すると，体液は濃縮されて浸透圧が上昇します。すると浸透圧を低下させるように，私たちはのどの渇きを覚え，水を飲む行動に駆り立てられます。逆に，水分を多量に飲んで身体内の水分が過剰になると，浸透圧が低下してしまいますから，バソプレシン（抗利尿ホルモン）というホルモンの分泌が減少して多量の尿がつくられ，水分の排泄を増やすのです。

🟥 浸透圧の表し方

浸透圧は，そこに溶けている物質（粒子）の数，つまり，モル濃度で決まります。1モルの物質が溶けたことで発生する浸透圧が1 **Osm**（**オスモル**と読む）です。ただし，食塩（NaCl）のように水中ではNa^+とCl^-に電離する物質では，Na^+1モルとCl^-1モルで，合わせて2 Osmとなります。

生体内での濃度は低いですから，Osmの1/1000の単位である**mOsm**（**ミリオスモル**）が通常は使われます。これを通常の圧力の単位に直すと，1 mOsmは19.3 mmHgの浸透圧です。体液の浸透圧はおよそ300 mOsmですので，約5800 mmHgとなります。気圧に直すと7.6気圧ですから，なかなかの圧です。

⑥ 膠質浸透圧

● タンパク質も浸透圧を発生！

　細胞の中に水が流入するか，あるいは逆に水が細胞から流出するかが，間質液や血漿*の浸透圧で決まることはおわかりいただけたと思います。浸透圧はその大部分が電解質，特にNaClで決まりますが，血漿中に流れているタンパク質も，わずか（25 mmHg程度）ですが浸透圧を発生します。タンパク質によって生じる浸透圧のことを**膠質浸透圧**といいます。膠質浸透圧は小さいのですが，重要なはたらきをします。

★間質液と血漿は細胞外液でしたね（第2章④-1参照）。

● 膠質浸透圧はなぜ起こる？

　毛細血管において，血液と組織の細胞との間で物質交換が行われます。毛細血管領域では血漿が濾過されて間質に出，血漿中に溶けているグルコースやアミノ酸などの栄養素が拡散によって組織の細胞に取り込まれます（図3-15）。一方，組織での代謝の結果生じた老廃物は，これも拡散によって間質に出，さらに毛細血管内へと吸収されます。

　毛細血管から血漿を濾過する，すなわち押し出す力を発揮するのは，

図3-15 毛細血管と組織との物質交換

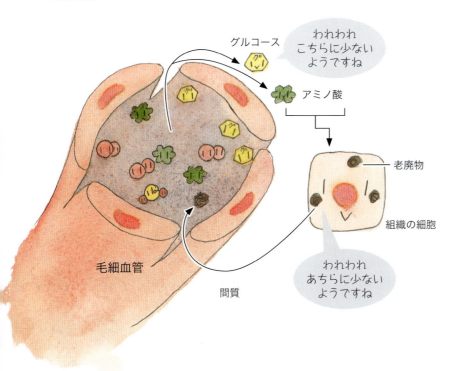

★第2章②-■でセルロース＝食物繊維は便通を整える効果を発揮すると書きましたが、これも血管内のタンパク質による膠質浸透圧の効果と同じものです。セルロースは消化・吸収できませんから、そのままの形で消化管（腸管）内にとどまります。そうすると、セルロースの濃度は消化管内が高くて間質側が低いので、濃度勾配にしたがって水が間質から消化管内に移動します。こうして便が柔らかくなり、便秘が防がれるのです。

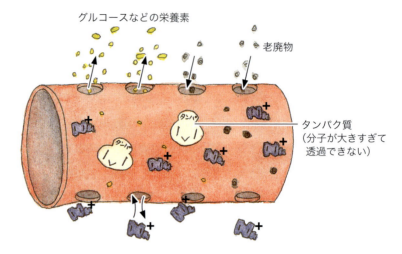

図3-16 毛細血管壁はタンパク質にとってのみ半透膜★

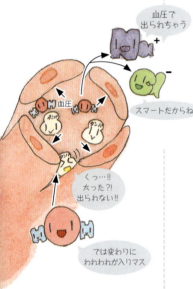

★流体は圧力が高いところから低いところへと流れます。

毛細血管の血圧です。このとき、Na^+やCl^-などのイオンも一緒に濾過されます。つまり、毛細血管壁は各種イオンやグルコース、老廃物などにとっては半透膜ではないため、毛細血管内外での浸透圧は発生しません。ところがタンパク質は分子が大きいため、毛細血管壁にあるすきまを透過することができません。つまり毛細血管壁は、タンパク質にとってのみ半透膜なのです（図3-16）。血漿のタンパク質濃度は間質液のタンパク質濃度よりもはるかに高いため、タンパク質は水分を血管内に吸い込む力を発生するのです。これが膠質浸透圧です。

● 動脈寄りでは間質へ，静脈寄りでは血管内へ

毛細血管の動脈寄りでは血圧が高いため、血圧によって血漿を押し出す力が膠質浸透圧による水を吸い込む力を上回り、血漿は間質へと濾過されます。ところが下流の静脈寄りでは血圧が低下するため★、膠質浸透圧による水を吸い込む力が勝り、間質液が毛細血管内へと再吸収されるのです。このように血漿-間質液間で局所的な循環が起こり、栄養素の組織への供給と老廃物の除去が行われているのです。

知っ得！まめ知識 3-1

ヘクトの意味

　本章①で，聞き慣れない単位，ヘクトパスカル（hPa）が出てきました。ヘクトパスカルのヘクトとはどういう意味でしょう。実は皆さんはすでに小学校で習っているのです。

　面積の単位の基準は１m×１mの平方メートル（m^2）です。まめ知識１（27ページ）に従うとこの上の単位は１km×１kmの平方キロメートル（１km^2）なのですが，これは1000000 m^2で間が空きすぎで実用的ではありません。そこで，

・10 m×10 m＝100 m^2を１アール（１a）
・100 m×100 m＝10000 m^2を１ヘクタール（１ha）

とよぶことに決めたのです。このヘクタールは「ヘクト　アール」がつまったものです。つまり，ヘクトとはアールの100倍の単位であることを意味します。

知っ得！まめ知識 3-2

窒素の入手法

　空気の80％を窒素（N）が占めていますが，私たち動物はもちろん，植物もこの豊富に存在する窒素を利用することができません。窒素はアミノ酸の原材料（アミノ基：第２章②-3「タンパク質」の項参照）として欠くことのできない元素です。では，私たちはどこから窒素を手に入れているのでしょう。

　これは，植物が土壌中に溶けている窒素を栄養として吸い上げてくれているのです。草食動物が植物を食べることによって窒素を体内に取り込み，肉食動物は草食動物の肉を食べることによって，窒素を手に入れています。

　ただ１つ例外があります。マメ科植物の根に寄生（お互いに利益を得ているので共生といいます）している，根粒菌とよばれる細菌だけが，空気中の窒素を取り込むことができます。ですから，マメ科植物を畑に植えておくと，土壌中に窒素が増えて栄養豊かな土地となり，他の植物もよく育つようになります。

　最近はあまり見かけなくなってしまいましたが，休耕田や野菜の栽培時期でない畑が美しいレンゲ畑（レンゲもマメ科植物です）となっているのは，土壌に窒素を増やして栄養豊かにするためなのです。

章末クイズ

正しい文章には○を，誤った文章には×をつけなさい。

❶ 血液は血圧の低いところから高いところへと向かって流れる。　□
❷ １気圧（760 Torr）のうち，酸素に起因する圧力を酸素分圧という。　□
❸ 胸腔内圧は陰圧に保たれている。　□
❹ 細胞膜は半透膜なので，細胞内外の間に浸透圧を生じる。　□
❺ 血管内外の脂質の濃度差によって生じる浸透圧を膠質浸透圧という。　□

➡ 解答は206ページ

第4章

細胞

　私たちの身体は細胞で構成されています（図4-1）。ただし，細胞はレンガ造りの家屋を構成するレンガのように生命のない存在なのではなく，1個1個の細胞が生きており，栄養素を取り込んで代謝を営み老廃物を排泄する，損傷があればそれを修復する，さらに（誕生したときにはその能力を失っている細胞もありますが）細胞分裂によって自己を複製する，などの生命活動を行っています。この章ではその細胞について説明します。

① いろいろな細胞

　第2章で，私たちの身体は約60兆個の細胞でできていると書きました★。最初はただ1個の受精卵だったのですが，これが細胞分裂をくり返し，1個が2個，2個が4個，4個が8個といった具合に増えていき，最終的に60兆という膨大な数になったわけです。

　ただ，単に数が増えたわけではありません。細胞が置かれている体内での位置，細胞の周囲の環境などが細胞に影響を与え，機能的・形態的にいろいろな種類の細胞に分化していきます。つまり，細胞によって受けもつ役割が異なり，それに伴って形や大きさが違ってくるのです。

　ここで代表的な細胞を取り上げ，その役割と形，大きさをみていきましょう。

★第2章④-■参照。

図4-1 私たちの身体を構成している細胞

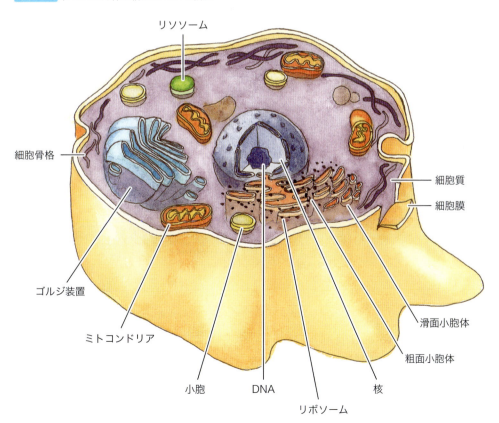

1 上皮細胞（図4-2）

　上皮細胞には形が扁平なもの，立方体のものがあり，それらが単層のもの，何重にも重なっているものなど，さまざまなタイプがあります。この図でお示ししているのは，小腸など腸管の内腔をおおっている**単層円柱上皮細胞**です。腸管内で消化された栄養素を吸収する役割を担っているため，内腔面には微絨毛とよばれる突起を多数突き出して，表面積を大きくしています。

2 脂肪細胞（図4-3）

　文字どおり脂肪を蓄える細胞です。直径は80 μm程度で，細胞内の構造はすみに押しやられ，大きな脂肪滴が細胞の大部分を占めています。肥満した人では蓄えられる脂肪が増えるため，標準的な体重の人に比べ直径は1.3倍くらい，容積でいうと3倍くらいの大きさになります。

3 筋細胞（図4-4）

　図に示したのは骨格筋の細胞です。核をたくさんもっており（多核），細長い紡錘形をしています。太さは20〜100 μmもあり，長さは10 cmを超えるものも少なくありません。収縮して骨を動かし，身体の運動を可能にします。

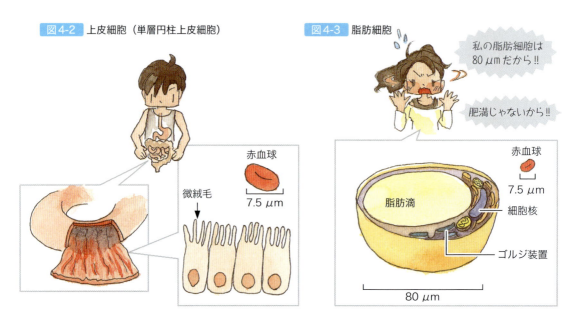

図4-2 上皮細胞（単層円柱上皮細胞）

図4-3 脂肪細胞

図4-4 筋細胞（骨格筋）

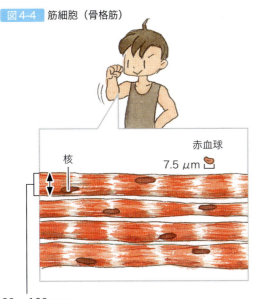

図4-5 神経細胞

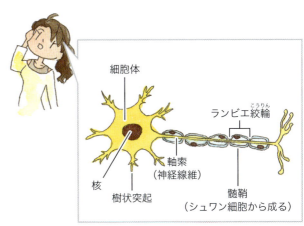

骨格筋と心筋では細胞に縞模様がみられるのが特徴です。収縮を引き起こすためのタンパク質の線維（**ミオシンフィラメントとアクチンフィラメント**）が規則正しく並んでいるためで，この特徴から，骨格筋と心筋は**横紋筋**ともよばれます。これに対し，血管壁にあって血管の径を調節したり，膀胱の壁を構成する筋には縞模様がありませんので，**平滑筋**とよばれます。

4 神経細胞（図4-5）

星形の**細胞体**と，そこから長く伸びる**軸索**からなっています。細胞体から髭のように短く伸びる**樹状突起**，あるいは細胞体自体で他の神経からの情報を受け取り，その情報を軸索を通して遠隔の地に送ります。軸索の長いものでは数十cmもあるため，**神経線維**ともよばれます。また神経細胞はその特殊な形から**ニューロン**ともよばれます。

5 赤血球（図4-6A）

血液中で酸素を結合して運搬する仕事を担っている細胞です。真ん中がくぼんだ円盤状の形をしており，その直径は**約7.5μm**です★。

赤血球の中には，**ヘモグロビン**とよばれる酸素を結合する赤い色素が詰まっています。赤血球は骨髄でつくられますが，つくられた後，血流

★他の細胞の大きさを見積もる目安になりますので，この値は覚えておいたほうがよいでしょう。

中に放出される直前に核が失われます。つまり、細胞としては例外的に無核の細胞です。

6 白血球（図4-6B）

　白血球にもいろいろな種類がありますが、ここに示したのは**好中球**とよばれる最も数の多い白血球です。白血球は、細菌など、外来の異物を殺滅したり、体内で生じたがん細胞などの奇形の細胞を除去するなど、私たちの身体を守る仕事をしています。サイズは赤血球よりもひとまわりほど大きく、好中球では枝分かれした核をもつのが特徴です。図のように丸く描かれることが多いですが、実際はアメーバのように偽足を伸ばして動き回り（遊走能）、細菌などを捕らえて細胞内に取り込んで殺します（**食作用**）。

　また、好中球とは違う細胞ですが、**リンパ球**とよばれる白血球は、抗体というタンパク質を産生して体内に侵入した異物を効率よく殺滅します★。

★第10章「生体防御機構と免疫」で詳しく解説します。

7 精子（図4-7）

　ふつうの細胞は遺伝子を乗せた染色体を2セット46本もっていますが★、生殖細胞である精子と卵は1セット23本しかもっていません。**精子**は父方の遺伝子を伝える細胞で、頭部、頸部、尾部からなっています。精子は尾部、つまり鞭毛を打ち振って女性の生殖器内を卵に向かって泳ぎ、受精します。尾部が長いため、全長は60 μmほどあります。

★後の項③「核」でお話しします。

図4-6　赤血球と白血球（好中球）

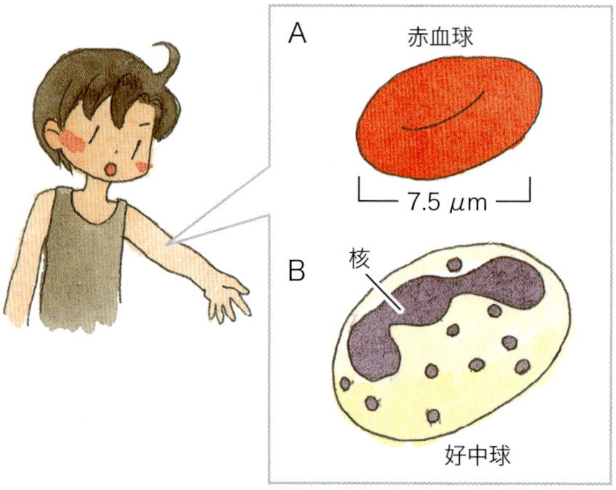

図4-7　精子

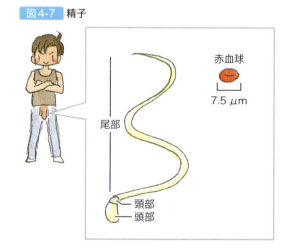

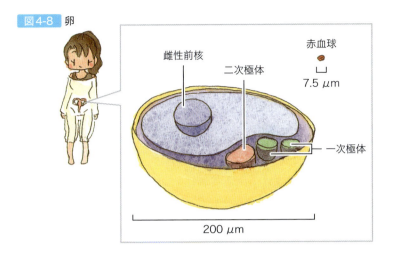

図4-8 卵

8 卵（図4-8）

卵は女性がつくる生殖細胞で，母方の遺伝子を伝える細胞です。直径が200 μmほどもあり，人間がもつ最大の細胞であるといえるでしょう。精子が受精すると，母方の染色体1セットと父方の染色体1セットが合体するため，2セット46本の染色体をもつ受精卵となり，これが分裂をくり返して，新しい人間が誕生します。

② 細胞膜

● 内と外とを隔てるバリアー

細胞膜のようすは図2-2に示しました。細胞膜は細胞内の環境を細胞外から隔て，一定に保つためのバリアーであるといえるでしょう。第2章でも書きましたが★，例えば細胞外の水（細胞外液）に溶けている陽イオンとしてはNa^+が圧倒的に多いのですが，細胞内の水（細胞内液）ではK^+が断然多くなっています（図2-22）。陰イオンの組成も違っています。また，細胞外液のpHは7.4で一定に保たれますが，細胞内液のpHは7.0なのです。

★第2章④-2参照。

ただし，細胞膜という脂質のバリアーを自由に通過することのできる物質もあります。それは酸素（O_2）と二酸化炭素（CO_2）です★。酸素や二酸化炭素は水にも溶けますが（**水溶性**），脂質にも溶けます（**脂溶性**）。

★これらをまとめて**呼吸ガス**とよびます。

ですから，例えば間質液に溶けた酸素は脂質でできている細胞膜に溶け込み，そして細胞内に入って細胞内液に溶けることができるのです（図4-9）。

🟢 バリアーにも窓口が必要

しかし細胞は，呼吸ガスの通過を許す他は外界とは没交渉というわけにもいきません。栄養素を取り込んだり，ホルモンや神経によって送られてくる指令に反応したり，そして神経や筋肉は電気を発生して情報を伝えたり，筋肉は収縮を引き起こしたりしなくてはなりません。そのためにはたらいているのが，リン脂質の二重層を貫通して島のように浮かんでいるタンパク質なのです（図2-2）。

タンパク質はその役割に応じて，**チャネル**，**輸送体**，**受容体**，そして**酵素**に大きく分けられます。なかでもチャネル，輸送体，受容体は，細胞膜に開いた窓やドアのようなもの，つまり細胞外との情報や物質のやり取りをする窓口のようなものであるといえるでしょう。これらのタンパク質の役割を少し詳しくみていきましょう。

図4-9 酸素と二酸化炭素は細胞膜を通過できる

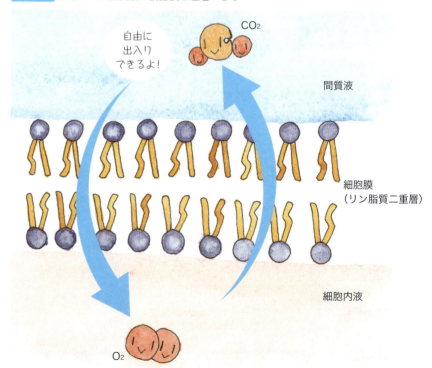

図4-10 Na⁺チャネルはナトリウムイオンを通す

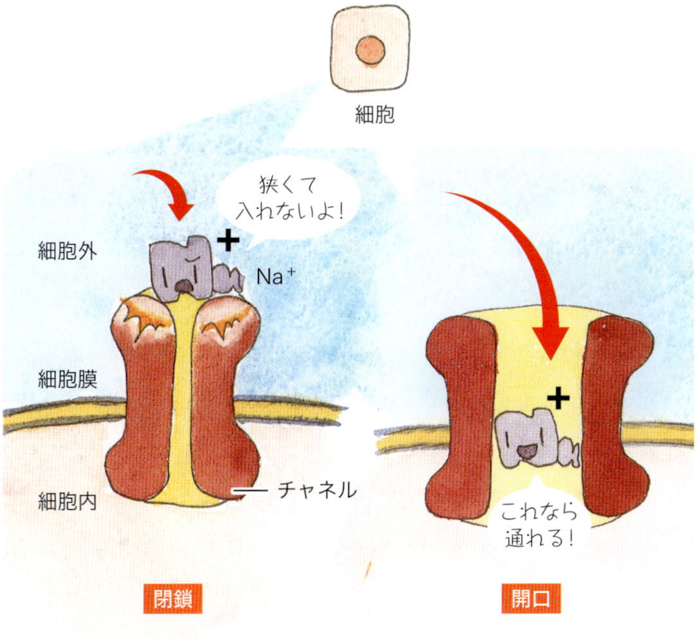

細胞

狭くて入れないよ！
細胞外
Na⁺
細胞膜
細胞内
チャネル
これなら通れる！

閉鎖　　開口

1 チャネル（channel）

　特定のイオンを通す通路と考えてください。チャネルは開いたり閉じたりすることによってイオンの通過を調節します。例えばナトリウムイオン（Na⁺）を通すNa⁺チャネルが開くと，濃度が高い細胞外から，濃度の低い細胞内へとNa⁺が流入します（図4-10）。つまり，**濃度勾配に従って**イオンが移動するわけです。K⁺チャネルが開いた場合は，細胞内のほうがK⁺濃度が高いですから，K⁺は細胞内から細胞外へと流出します。

　これらのチャネルは，次の第5章③④で説明する静止電位や活動電位の形成に密接にかかわっています。

2 輸送体（transporter）

　グルコースやアミノ酸を細胞内に取り込むためのタンパク質です。また，イオンを輸送するためのものもあります。特に重要なのがNa⁺-K⁺ポンプで，これは**濃度勾配に逆らって**細胞内のNa⁺を細胞外に汲み出し，細胞外のK⁺を細胞内に取り入れます。濃度勾配に逆らうわけですから，エネルギー（ATP）を消費して輸送が行われます★（図4-11）。もちろ

★このようにエネルギーを消費して物質を細胞内外に輸送することを能動輸送といいます。

ん，グルコース輸送体のようにエネルギーを消費しない輸送体もたくさんあります。

❸ 受容体（レセプター：receptor）

神経やホルモンなどによって細胞に伝えられる指令を受けるためのタンパク質です。神経末端から放出される神経伝達物質やホルモンなど，細胞の機能を変化させる物質のことを**リガンド**と総称しますが，リガンドは受容体に結合することによって，細胞内での代謝経路を変化させたり，特定のチャネルを開きやすくしたり，といった変化を引き起こします（図4-12）。

鍵と鍵穴の関係に例えられることが多いのですが，あるリガンドは特定の受容体にしか結合しません。逆に言えば，そのリガンドに対する受容体をもっていない細胞に対しては，そのリガンドは何らの作用も及ぼしません。

❹ 酵素（enzyme）

大部分の酵素は細胞内にあって，細胞の代謝や機能発揮のためにはたらいています。また，消化酵素など，細胞外に分泌されてはたらく酵素もあります。

図4-11 Na⁺-K⁺ポンプはエネルギーを使う輸送体

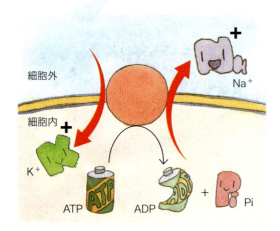

図4-12 受容体はリガンドと結合してはたらく

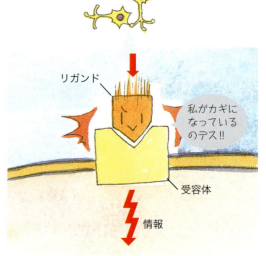

図4-13 スクラーゼはスクロースを分解する酵素

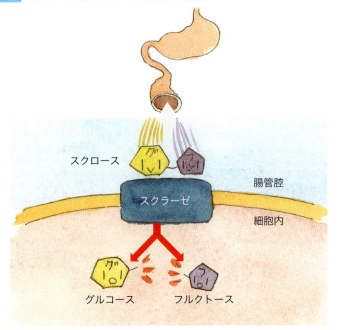

そして数は少ないですが、細胞膜上に存在してはたらく酵素もあります。例えば小腸粘膜上皮の細胞表面にはスクラーゼとよばれるスクロース（ショ糖）分解酵素★があり、これがスクロースをグルコースとフルクトースに分解して、そのまま粘膜上皮細胞内に取り込みます（図4-13）。

★スクロースについては第2章②-**1**参照。

核

核の中には染色体が入っている

赤血球などの例外を除き、すべての細胞の中には1個あるいは複数個の**核**があります。核は**核膜**に包まれており、その中には**染色体**が入っています。染色体は、第2章で説明したDNAの二重らせん★が**ヒストン**とよばれるタンパク質に巻き付いて、折りたたまれた状態になったものです（図4-14）。つまり、染色体1本は遺伝子という情報がぎっしり書き込まれた1冊の本であると考えればよいでしょう（図4-15）。

★第2章③参照。

染色体は何本ある？

ヒトの場合、染色体は**46本**あります（図4-16）。つまり本が46冊あ

るわけですね。これらは2本ずつの対になっていますので**2n**と表します。もちろん，$n=23$です。この46本のうちの44本は完全な対になりますので，**常染色体**とよばれます。そして残りの2本なのですが，女性では**X染色体**とよばれる染色体が2本で対になっているのに対し，男性ではX染色体1本と，**Y染色体**とよばれるX染色体よりも短い染色体が1本あります。このY染色体に性別を男性にする遺伝子が乗っています。そこで，このX染色体とY染色体のことを**性染色体**とよびます。

図4-14 染色体にはDNAが折りたたまれて入っている

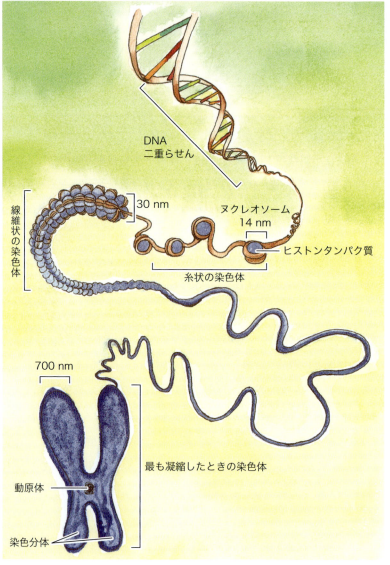

図4-15 染色体は遺伝子の情報が書き込まれた本のようなもの

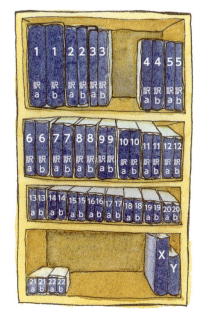

図4-16 ヒトの染色体

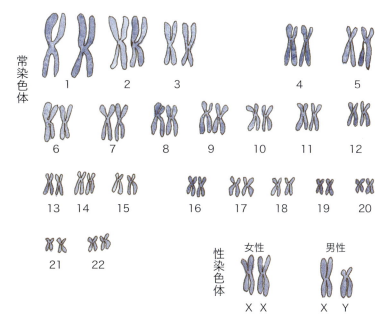

④ 細胞小器官

● 細胞の中にある小さな構造物

核以外の細胞内の内容を**細胞質**★といい，その中にはさまざまな構造物があります。この構造物のことを**細胞小器官**といいます。図4-1の細胞の模式図の中にはいろいろな細胞小器官が描かれています。それぞれの役割がありますが，ここでは数行程度で説明するだけにしましょう。ただし，**ミトコンドリア**は重要です。その名前と役割をしっかり頭に入れておいてください。

★**原形質**ともいいます。

1 ミトコンドリア

直径0.2～1μmの太めのソーセージのような形をしています。内外二重の膜に包まれ，内膜は内側に突き出して**クリステ**とよばれるひだをつくっています（図4-17）。

● エネルギーをつくりだす工場

次の項⑤「栄養と代謝」でもう少し詳しく説明しますが，ミトコンド

図4-17 ミトコンドリア

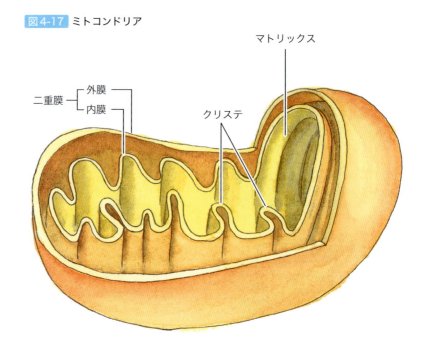

★85ページまめ知識4参照。

リアは細胞内のエネルギー（ATP）産生場所として重要です。

エネルギーの一形態としての電力を例にとりますと，人間社会では，電力会社が発電所をもち，そこでつくられた電気を各家庭に供給します。しかし，私たちの身体内にはどこかにエネルギー産生工場があるわけではなく，1個1個の細胞が自前でエネルギーをつくりだしています。各家庭がソーラーパネルを用意し，電気の自給自足をしているようなものだと考えてください。電気の使用量が多い家庭ではソーラーパネルをたくさん用意する必要があるように，心筋などエネルギー消費の多い細胞は多数のミトコンドリアをもっています★。

● 細胞の自殺，アポトーシスにも必要

ミトコンドリアは，**アポトーシス**を引き起こす際にも重要な役割を演じます。

アポトーシスとはプログラムされた細胞死のことで，オタマジャクシのしっぽがカエルに変態する際に消失するように，必要のなくなった細胞が自殺するメカニズムです。私たちには最初からしっぽはありませんが，お母さんのお腹の中で発生する途上，さらに成人してからも，この細胞の自殺は正常な身体を維持するうえで大切なのです。

2 リボソーム

遺伝子によって指示されたとおりにタンパク質が合成される場所です。

3 小胞体

粗面小胞体と**滑面小胞体**の2種類があります。

粗面小胞体は表面にリボソームが多数付着しており、そこで合成されたタンパク質を他の細胞小器官に輸送します。

一方の滑面小胞体は、脂質の合成と代謝を行います。また、筋肉の滑面小胞体は**筋小胞体**ともよばれ、Ca^{2+}の貯蔵・放出場所として筋収縮に重要な役割を演じます。

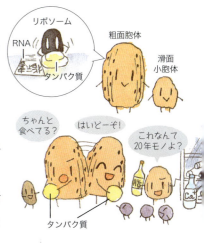

4 ゴルジ装置★

タンパク質に糖鎖（図2-2参照）をくっつけたり、リボソームでつくられたタンパク質が正しくつくられているかをチェック、つまり品質管理をしたりします。

★高校では「ゴルジ体」と習ったと思いますが、医療界では「ゴルジ装置」とよびます。

5 リソソーム

リボソームとまぎらわしい名前ですが、役割は反対で、不要になったタンパク質を分解します。2016年のノーベル生理学・医学賞を受賞した大隅先生が発見した「オートファジー」が起こる場所です。

6 中心体

2つ1組となっています。細胞分裂に際して、これらが分かれて細胞の両端に移動し、複製された染色体をそれぞれ両端に引き寄せ、新しい2個の細胞をつくります。

⑤ 栄養と代謝

◆ そういえば代謝って何だろう？

ここまで「代謝」という言葉を何気なく使ってきましたが、代謝とは

ⅰ）エネルギー代謝

ⅱ）同化作用

ⅲ）異化作用

ⅳ）ホルモン合成

★第2章❷参照。

★つまり，これら一連の酵素がそろっていないと化学反応が前に進みません。

何でしょう。

代謝は，私たち生物（植物も含む）が生きていくために体内で行っている化学反応です。代謝はその目的から大きく次の4種類に分けることができます。

ⅰ）**エネルギー代謝**：摂取した栄養素から，エネルギー（ATP）をつくり出す。

ⅱ）**同化作用**：摂取した栄養素から，私たち自身の生体構成成分（筋肉や細胞膜など）を合成する。

ⅲ）**異化作用**：古くなった，あるいは不要となった生体構成成分を分解する。

ⅳ）私たち生物が生きていくために必要な生理活性物質（ホルモンなど）を合成・分解する。

これらを詳細に研究する学問が生化学です。読者が進む分野によってはこの生化学を深くまで勉強する必要がありますが，ここではエネルギー代謝の概要に触れるだけにとどめましょう。

🟩 エネルギーはどうつくられる？

エネルギー，つまりATP産生のための原料（これを**基質**といいます）となるのは，糖質，脂質，タンパク質であることは前に述べました★。このうちのタンパク質は主として生体構成成分につくり変えられるため，通常はエネルギー源としては使われません。ただし，飢餓や重篤な病気のために栄養状態が悪化してくると，緊急の対応としてタンパク質がエネルギー源として使われ，筋肉のタンパク質が減って手足がやせ細ってきます。

ここでは糖質，特にグルコースからどのようにしてATPがつくられるのかをみていきましょう（図4-18）。細胞膜上の輸送体によって細胞内に取り込まれたグルコースは，細胞質中で，**解糖系**とよばれる一連の化学反応によって変化していきます。つまりグルコースは，グルコース-6-リン酸→フルクトース-6-リン酸→…といった具合に，8ないし9個の中間代謝産物を経て最終的にピルビン酸に変わります。ここまでが解糖系です。これらの化学反応（これ以後もそうですが）はすべて別々の酵素によって触媒されます★。この解糖系で1分子のグルコースから2分子のATPがつくられます。

図4-18 グルコースからATPがつくられる経路

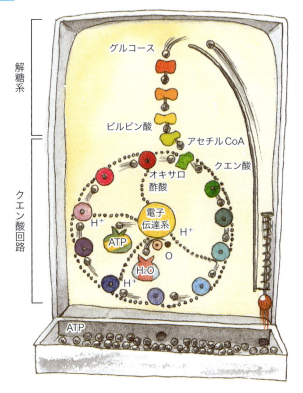

次いで、つくられたピルビン酸はミトコンドリアの中に入り、**クエン酸回路**★とよばれる反応系に入ります。そしてこの回路をまわる過程で発生したH^+が、ミトコンドリア内膜に存在する**電子伝達系**とよばれる経路で処理される間に、多量のATPが産生されます。解糖系からクエン酸回路を経て電子伝達系に至るまでの間に、結局1分子のグルコースから38分子程度のATPが産生されるのです。

★ TCAサイクル、クレブス回路ともよばれますが、全く同じことです。

呼吸とエネルギーの密接な関係

私たちは呼吸をして酸素（O_2）を体内に取り込まないと生きていけません。これは、クエン酸回路や電子伝達系で発生するH^+を、最終的にO_2と反応させて水（H_2O）として処理する必要があるからです。つまりO_2がないとH^+が処分できず、クエン酸回路がまわらなくなってATPがつくれなくなるのです。エネルギーがなくてはすべての細胞の機能がストップしてしまいますから、死が待っているだけです。

また、クエン酸回路がまわる過程で二酸化炭素（CO_2）が発生します。このCO_2も呼吸によって体外に排出しているのです。

疲労は筋肉の酸素不足

クエン酸回路・電子伝達系とは異なり，解糖系はO_2を必要としません。しかし酸素がない状態（これを**嫌気的**といいます）ではクエン酸回路がまわりませんので，解糖系の最終産物であるピルビン酸はミトコンドリアの中に入れません。このような状態では，ピルビン酸は乳酸に変化して細胞内に蓄積します。

健康な人では組織がこのような酸欠状態となることはないのですが，例外があります。それは筋肉（骨格筋）です。激しい運動をするとATPをどんどん消費するため，それに見合うATPを産生する必要があります。そのために酸素消費が増えます。心臓からの血液拍出が促進され，筋へいく血管は拡張して血流を増加させて酸素供給を増やすのですが，それでも酸素が足りなくなってしまいます。すると筋細胞内に乳酸が蓄積し，これが疲労の原因となるのです。

筋細胞

⑥ エネルギー

エネルギーにはいろいろある

「エネルギー」もここまで何気なく使ってきましたが，エネルギーとは何でしょう。物理学事典でもひけば難しいことが書いてあるのでしょうが，「他のものに影響を与える力」とでも考えておけばよいでしょう。

エネルギーにはいろいろな種類があります。例えば，**位置エネルギー**があります。高いところにあるものは大きな位置エネルギーをもっています。ですから落ちてくれば下にあるものをつぶしたり，傷つけたりします。**運動エネルギー**というものもあります。投げられたボールは運動エネルギーをもっています。ですから窓に当たればガラスを割ってしまうかもしれません。その他，**熱エネルギー**，圧エネルギー，電気エネルギー，光エネルギーなどなどいろいろありますが，私たちがここで主に扱っているのは，ATPがもつ**化学エネルギー**です★。

★これまでに何度も出てきましたね。

エネルギーは変化が得意

エネルギーはその形態を変化させることができます。

高いところにあった水は，低いところに向かって流れます。このとき，高いところにあったときの位置エネルギーが，流れという運動エネルギーに変換されています。

腕を振ってボールを投げるときはどうでしょう。筋のATPが分解され，ATPがもっていた化学エネルギーが腕の筋肉の収縮という力学的エネルギーに変換されています。そしてこのエネルギーは，さらにボールの運動エネルギーへと変換されています。

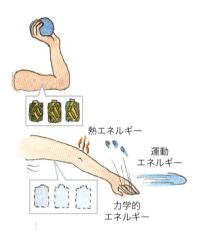

ただこのとき，ATPのもっていたエネルギーすべてがボールの運動エネルギーに変わったわけではありません。一部は熱エネルギーに変換されています。寒い朝でも，運動をすると体が温かくなった経験はあるでしょう。これは筋収縮に際して，ATPがもつエネルギーの一部が熱エネルギーに変換され，つまり熱の産生量が増えて温かくなっているのです。

使った分だけつくり出す

私たちは絶対安静にしていても，呼吸をしなくてはなりませんから，呼吸筋を周期的に収縮させています。心臓も絶え間なく拍動しています。このように筋肉や内臓は絶えずはたらいていますので，エネルギーを消費しています。細胞がただ生きていくためだけにもエネルギーは必要です。そして，消費したエネルギーに見合うだけのエネルギーをつくり出さねばなりません。私たちはそれを食事として摂取しているのです。つまり，**エネルギー消費量＝エネルギー摂取量**となります。

エネルギーはどれくらい使う？

ここでエネルギーの単位の話に入りましょう。物理学ではJ（ジュール）という単位が用いられますが，生物学関係では**cal（カロリー）**という単位が主として用いられます。1 calとは1 gの水を14.5℃から15.5℃まで温めるのに必要なエネルギーです。こんなに細かいことまで覚える必要はないので，**1 calとは1 mLの水の温度を1℃上昇させるのに必要なエネルギー**と覚えておいてください。私たちが使うエネルギーはこれよりもはるかに多いので，通常はcalの1000倍の単位である**kcal（キロカロリー）**を用います。

1日のエネルギー消費量は，若年成人の日本人の場合，身体活動レベルがふつう，つまり学校で机に向かって勉強している人や事務職の人で

は男性で約2500 kcal，女性で約2000 kcalです。2500 kcalとか2000 kcalとかいわれてもピンときませんね。ご飯ですとお茶碗1杯でおよそ160 kcalです。ですから，ご飯（お米）だけでエネルギーをまかなうとすると，1日に男性は15杯半，女性なら12杯半食べればよいわけです。

先ほどエネルギー消費量＝エネルギー摂取量と書きましたが，日常生活で厳密にこの関係がなりたっているわけではありません。消費量よりも摂取量のほうが大きければ，余分な栄養は脂肪としてたくわえられますので，太っていきます。逆に消費量のほうが大きければやせていきます。

🟢 余った分は脂肪としてたくわえる

糖質（グルコース）1 gからは4 kcalのエネルギーが発生します。タンパク質も同様で，1 gから4 kcalが発生します。一方，脂肪はエネルギーの変換効率がこれよりも高く，1 gから9 kcalが発生します。

糖質を過剰に摂取すると脂肪に変換されてたくわえられます。そうすると，例えば4 kcal分の運動をすると糖質なら1 g減るのですが，脂肪は0.4 gくらいしか減りません。つまりいったん脂肪がつくと，それは運動をしても落ちにくいのです。

別の見方をしてみましょう。1日に食べる量が決まっているとします。これを1回の食事で全部食べてしまうのと，何回かの食事に分けて食べるのとではどちらが太りやすいでしょう。

これは1回で食べてしまうほうが太ります。1回で多量に食べると，その直後は栄養が過剰となり，過剰な糖質は脂肪に変換されます。すると，先ほど書きましたように脂肪はエネルギーの変換効率がよいので，消費するのにより多くの運動（つまりエネルギー消費）が必要になってしまうのです。同じ量を食べるなら，食事の回数を増やすほど太りにくいのです。ただし，食事の回数を増やすと，ついつい食べる量も増えてしまう傾向があるので，そこが問題です。

知っ得！まめ知識 4

ミトコンドリア病

　ミトコンドリアはエネルギー（ATP）産生の場ですから，私たちにとって必須の細胞小器官です。ところがミトコンドリアは，植物の葉緑体と同様に，太古の昔，私たちの身体に寄生した別の生物であったと考えられています。その証拠に，核の中にある私たちの遺伝子とは別に，ミトコンドリアは独自の遺伝子をもっています。

　まれなことですが，このミトコンドリアの遺伝子に異常があって病気が引き起こされることがあります。これがミトコンドリア病です。ATPの産生が円滑に進まなくなり，神経や筋などエネルギー消費の大きな組織に異常が現れます。受精の際，精子が卵の中にもち込むのは父方の核内の遺伝子だけで，ミトコンドリアはもち込みません。したがって，男女を問わず私たちがもっているミトコンドリアはすべて母親由来なのです。このため，ミトコンドリア病は母親のみから遺伝します。

章末クイズ

正しい文章には○を，誤った文章には×をつけなさい。

❶ いろいろな形の細胞があるのは，もっている遺伝子が異なるからである。　□
❷ 細胞膜上にあるチャネル，輸送体，受容体などはすべてタンパク質である。　□
❸ ヒトの細胞（精子・卵は除く）の核内には46本の染色体が入っている。　□
❹ 大部分のATPは，ミトコンドリアにおけるクエン酸回路・電子伝達系でつくられる。　□
❺ 脂肪からのエネルギー変換効率は，糖質に比して悪い。　□

解答は206ページ

第5章

電気

　電気と聞くと，身構えてしまう人も少なくないかもしれませんね。でも，小学校では電池と豆電球を銅線でつなぐと電球が光り，けっこう楽しい実験をしたのではないでしょうか。ところが中学に入ると電圧・電流・電力などのいろいろな言葉が出てきてわけがわからなくなった人も多いでしょう。私も同類です。だからそんなに難しい話はしません。というよりは，私もよくわかっていないので，難しい話はできません。身構えないで気楽に読んでいきましょう。だって日頃，電気にはたいへんお世話になっているのですから，少しは電気という相手を理解してあげましょう。そればかりではなく，私たちの身体内では電気がとても重要なはたらきをしています。運動したり，考えたり，覚えたり，悩んだり，そして恋をするのもすべて電気を介しているのですから。

① 電気とは

🔶 電気はエネルギーの一種

　電気もエネルギーの1つの形態です。電気エネルギーを光エネルギーに変えて電燈を灯したり，熱エネルギーに変えて暖房したり（冷房もそのタイプでしょうが，私にはその方法がよくわかりません），あるいはいろいろな力学的な仕事，例えばモーターをまわして掃除機としてはたらかせるなどにも電気が活躍します。

🔶 水に例えて考えてみると

　これだけ電気にお世話になっているのですが，困ったことがあります。それは，電気が目には見えないことです。だからわかりにくいのです。

　電気を水に例えて考えてみましょう。電池は電気の池と書くように，電気がいっぱい詰まった場所です。つまり，水を満々とたたえた高いところにある池，というかダムのようなものなのです。このダムの排水口を開くのが銅線です。排水口が開けば水が流れ落ちますが，高さ（**電位**）の差（**電位差**）が大きければ水は勢いよくドッと落ちるでしょうし，高さの差が小さければ水はゆったりと流れます。この高さの差による勢いの違いが**電圧**です。

　一方，高さの差がいくら大きくても，流れ落ちる水の量が少なければピュッとしか吹き出しませんので，大した力にはなりません。高さの差が小さくても，流れる水の量が大きければ大河のように悠然と流れ，大きな力を発揮するでしょう。この流れ落ちる水の量が**電流**に相当します。

　このように電気の強さは，高さの違いによる流れの勢いと，そこを流れる電気の量によって決まります。そこで**電圧（高さの差による勢い）×電流（流れる電気の量）＝電力**としているのです。電力とは，電気がもつエネルギーの大きさと考えてください。

🔶 電気の実体は…電子！

　では，そもそも電気の実体とは何でしょう。それは，第1章④で説明した電子の流れなのです。

　電気をよく通すものの代表は，鉄や銅などの金属です。金属原子の原子核は動かないのですが，その周囲をめぐる電子は自由に動き回ること

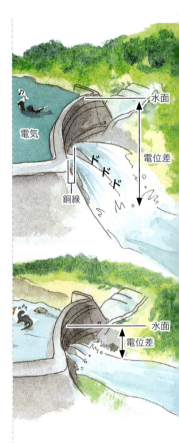

ができます（このため，これらの電子は**自由電子**とよばれます；図5-1）。これも第1章④で説明したように，電子はマイナスの電荷をもっています。このため，この金属の両端に電位差があると，電子はプラスの電位に向かって移動することになります。これが電流です。

ただ，ちょっとややこしいことに，電子はマイナスからプラスへと流れるのですが，電流はプラス極からマイナス極に向かって流れるものと定義されているので，電子の流れと電流は逆向きになります（図5-2）。

② 静電気

身近なところにある静電気

子どもの頃に，下敷きで頭をこすって遊んだことはありませんか。下敷きを持ち上げると，髪の毛が下敷きにくっついて立ち上がります。このときにはたらいているのが**静電気**です。下敷きと髪の毛がこすれることによって，髪の毛の電子が下敷きに移行します。これによって，電子を受け取ってマイナスに帯電した下敷きと，電子を失ってプラスに帯電した髪の毛が引き合って，髪の毛が下敷きにくっついて逆立つのです（図5-3）。

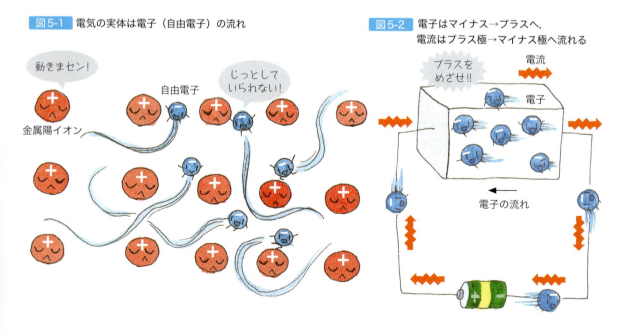

図5-1　電気の実体は電子（自由電子）の流れ

図5-2　電子はマイナス→プラスへ，電流はプラス極→マイナス極へ流れる

図5-3 下敷きで頭をこすると静電気が生じる

図5-5 雷は静電気の大掛かりバージョン

図5-4 身近なところにある静電気

　冬の乾燥した時期には，身体と衣服の摩擦によって私たちの身体はマイナスもしくはプラス★に帯電します。このような状態で帯電していない他の人に触ったり，車や金属製の家具などに触ると，電流が流れてビリッとくるわけです（図5-4）。

🟠 雷も静電気！

　雷もこの静電気の大掛かりバージョンといえます。積乱雲などの中で強い風によって雨粒や氷の粒が乱高下し，摩擦によってマイナスに帯電します。こうしてプラスに帯電した層とマイナスに帯電した層ができ，この間で放電するのが雷です。そして雲の中の帯電が限界にまで達すると，大気をはさんだ地面に向かって放電が起きることになります。これが落雷です（図5-5）。

🟠 身体の中にもある静電気

　この章の冒頭で，私たちの体内でも電気が重要なはたらきをしている

★衣服の素材によってマイナスかプラスか変わります。

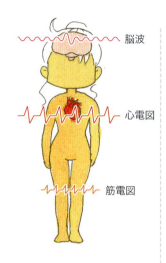

脳波

心電図

筋電図

と書きました。心電図は，心臓に起こる電気的な変化を体表面に置いた電極によって記録するものですし，脳波は，脳の膨大な数の神経細胞の間でやりとりされる電気的活動を記録したものです。

これらの電気的活動は，一部には電線を流れるふつうの電気もあるのですが，大部分は静電気に近いものであるといえるでしょう。ただし，静電気では電子の移動によって帯電したり，放電が起こったりするのに対し，私たちの体内で起こる電気的変化はイオンの動きによって生じるのです。

③ 静止電位

🔶 興奮する細胞

ここでは神経や筋肉など，電気的に活動する細胞についてお話しします。細胞が電気的に活動することを「興奮する」といいますので★，これらの細胞を総称して興奮性細胞とよぶこともあります。

★精神的に興奮するのとは，意味が違います。

🔶 おさらい：細胞膜をとりまく環境

さて，ここで第2章④「体液」の項を思い出してください。忘れていたら読み返してみてください。

細胞内の水（細胞内液）には陽イオンとしてK^+がたくさんあり，細胞の外の水（細胞外液）にはK^+は少なくて，その代わりにNa^+がたくさんあるのでした。

陰イオンにも違いがあり，細胞外液には塩素（Cl^-）が多く，細胞内液ではリン酸イオン（HPO_4^{2-}）と負（マイナス）に帯電したタンパク質が主です。

こちらの興奮ではありません

🔶 K^+はチャネルを通って外へ

ここで今度は第4章②「細胞膜」の項です。細胞膜にはイオンの通り道であるチャネルがあります。Na^+の通り道であるNa^+チャネルやCa^{2+}の通り道であるCa^{2+}チャネルは，ふだんは閉じているため，Na^+やCa^{2+}はいくら細胞外にたくさんあっても細胞内には入ることができません。マイナスに帯電している陰イオンも，細胞膜を通過することはできません。ところが，K^+の通り道であるK^+チャネルはふだんから開いている

のです。そうすると何が起こるでしょうか。K⁺は濃度の高い細胞内から濃度の低い細胞外へと濃度勾配に従って拡散して出ていきます★。

★拡散については再び第2章④参照。

● 一部のK⁺は細胞内へ

ところが，プラスに帯電しているK⁺が出ていきますので，細胞内はしだいに負（マイナス）になっていきます。髪の毛を下敷きでこすったときのように，負の電気は正（プラス）の電気（つまりK⁺）を引き寄せますので，電気的にはK⁺を細胞内に引き戻す力が発生し，結局，K⁺を細胞外によび寄せる濃度勾配の力と，細胞内によび戻す電気的な力がつりあったところで，K⁺の動きが止まります（図5-6）。

● K⁺が止まったときの電位＝静止電位

このK⁺の動きが止まるのは，ある程度の量のK⁺が出ていったときですから，細胞内は細胞外に比して負に帯電しています。この値は細胞の種類によって多少異なりますが，－60〜－90 mV（ミリボルト）です。この電位のことを**静止電位**とよびます。このような，細胞内が細胞外に比べて負に帯電している状態を，「**分極**」しているといいます。

図5-6　静止電位は電気的勾配と濃度勾配がつりあったときの電位

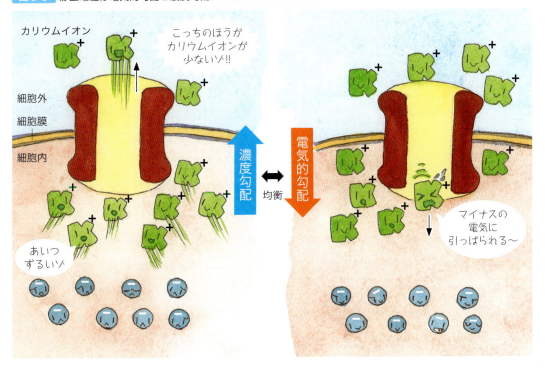

図5-7　出ていくＫ坊と残るＫ坊；余った女の子の数が静止電位

★「みるよむわかる生理学」医学書院, 2015。

● 静止電位は余っている女の子の数！？

　読者のうんざりした顔が目に見えるようです。これは他の本★にも書いたたとえなのですが, 気に入っているのでここでも書くことにします。

　こんなふうに考えてみましょう。陽イオンを男の子, 陰イオンを女の子にたとえましょう。陽イオンはK^+のＫ坊, 陰イオンはリン酸イオンのリン子ちゃんとタンパク質のタンパちゃん。これらの男の子と女の子が大勢, 同じ数だけ部屋の中に押し込められておりました。

　女の子のためのドアは閉じているので, 女の子は外へは出られません。ところがＫ坊だけが通ることのできるドア（K^+チャネル）は開いています。混んだ部屋に押し込められてうんざりしていたＫ坊たちは「おい, 外で走りまわって遊ぼうぜ」と言いながら外に出ていきました（図5-7）。

　ところが出ていくことのできない女の子たち,「Ｋ坊, 私たちをおいていかないで。さびしいからそばにいて」とＫ坊に頼みます。女の子にこんなふうに頼まれたのでは, 振り切って出ていってしまっては男がすたります。そこで部屋にとどまることに決めたＫ坊も大勢いました。

つまり，広々とした外に出たいという気持ち（濃度勾配）と，女の子のそばにとどまりたいという気持ち（電気的な力）がつりあったところでK坊の動きが止まります。このときに余っている女の子の数（つまり負の電荷の数）が静止電位なのです★。

★電荷の数ですから，本当は女の子の腕の数といったほうが正確なのですが，1本腕の女の子や3本腕の女の子ではちょっとかわいそうですので…。

④ 活動電位

● 刺激によって生じる電位

細胞内が細胞外に比して負に分極していることはご理解いただけたでしょうか。ところが，ある刺激★がくると，Na^+チャネルが開きます。そうすると何が起こるでしょう。

★実験的には電気刺激を行いますが，生体内でのこの刺激のことは後（⑤「興奮の伝導」の項）で説明します。

細胞外にはNa^+がたくさんあり，細胞内には少ししかありません。つまり，濃度勾配によってNa^+は細胞内へと拡散します。しかも細胞内は負に帯電しているので，電気的にも陽イオンであるNa^+を引き寄せます。このため，Na^+が細胞内に流入して分極は減り（これを**脱分極**といいます），一時的には細胞内は細胞外に比してプラスに分極します（これを**オーバーシュート**といいます）（図5-8）。

ところが，Na^+チャネルは短時間しか開いておらず，しかも流入したNa^+はNa^+-K^+ポンプ★によってK^+と交換で細胞外に汲み出されてしまいますので，細胞膜の電位は再び負に帯電していきます（**再分極**）。このような一瞬の電位変化のことを**活動電位**（図5-8）とよびます。

★第4章②-2参照。

図5-8 活動電位は一瞬の電位変化

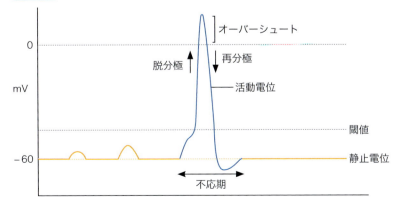

活動電位の持続時間は1〜2ミリ秒，つまり1秒の1/1000〜1/500という短時間なので，活動電位のことを**スパイク**（棘）とよんだり，**インパルス★**（衝撃）とよんだりすることもあります。静電気を帯びていた（つまり帯電していた）入道雲の中で，何かのきっかけで放電が起こる，そう，雷とちょっと似ていますね。

★編隊飛行を見せてくれる航空自衛隊のジェット戦闘機の名前，ブルーインパルスを聞いたことがあるでしょう。

● 活動電位はNa坊の乱入騒ぎ!?

再び，たとえ話に戻りましょう。外で遊んでいたNa坊たち，そろそろお腹がすいてきました。ここで突然にパーティ会場のドアが開いたのです。中にはNa坊はほとんどいません。「楽しそうだぜ」「オッ，女の子も大勢余ってる」，Na坊がドッとパーティ会場に飛び込んできました（脱分極）(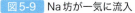図5-9)。あまりに勢いよく飛び込んできたので，一時的に女の子の数よりも男の子の数のほうが多くなってしまったほどです（オーバーシュート）。

ところがNa坊のためのドアはすぐに閉まってしまいます。しかも気難しい執事（Na^+-K^+ポンプ）が現れて，よそ者であるNa坊を外へつ

図5-9 Na坊が一気に流入

図5-10 Na$^+$-K$^+$ポンプ執事がNa坊をつまみ出す

まみ出してしまうのです（図5-10）。この一瞬の騒動が活動電位なのです。活動電位が発生すること＝「興奮する」ということに他なりません。

⑤ 興奮の伝導

🟠 活動電位は細胞表面を伝わっていく

　このようにして発生した活動電位は，神経線維（軸索）や筋の細胞表面を伝わっていきます。これを「**興奮の伝導**」といいます。

　ふだんの細胞は静止電位の状態にありますから，細胞の内側が電気的に負で，外側が正です。ところが活動電位が発生すると，それが逆転して細胞の内側が正，外側が負になります。こうなると，電気的に正の部分から負の部分に向かって電流が流れます。そしてこの電流によって刺激され，隣の部分で新たな活動電位が発生します。このようにして，つぎつぎと隣り合う部分に活動電位が発生して興奮が伝導していくのです（図5-11）。

　このような伝導のしかたはまどろっこしいようですが，バカにしては

いけません。神経線維のなかでも速いものでは伝導速度が120 m/秒に達します。時速に直すと430 km以上ですから，新幹線よりはるかに速く，リニアモーターカー並みといえるでしょう。

🟧 伝わる途中で減衰しない

このような活動電位による興奮の伝導における特徴を，いくつかあげておきましょう。

1つは**減衰しない**，ということです。電気を送電線で遠くに送る場合，電流を大きくすると，熱となってエネルギー（電力）がしだいに失われ

減衰しない →
大きさは常に一定

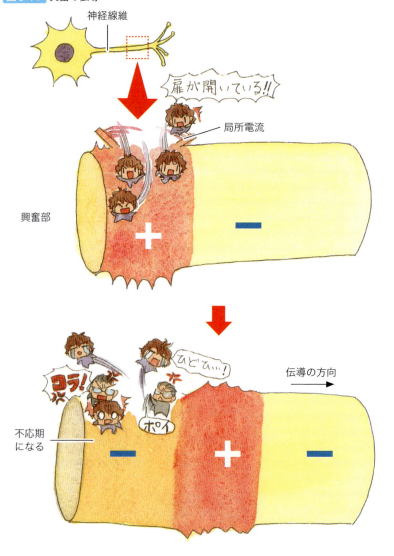

図5-11 興奮の伝導

ていってしまいます。これが減衰です。そこで各所に変電所を置いて電圧を調整しなくてはなりません。ところが活動電位による興奮の伝導では，つぎつぎに新たな活動電位が発生するのですから，減衰することはないのです（**不減衰伝導**）。

🔶 発生するかしないかのどちらか

次に，**活動電位の大きさは通常はつねに一定である**，という特徴があります。大きな活動電位が発生したり，小さな活動電位しか発生しなかったり，ということはなく，活動電位は発生するか，発生しないかのどちらかなのです（**全か無かの法則**）。

活動電位の大きさは一定なのに，私たちはどうして重さの違う荷物を上手に持ち上げられるのでしょうか？筋肉を収縮させて荷物を持ち上げようとするとき，運動神経を通して筋肉に収縮指令が届くのですが，重い荷物を持ち上げるときには大きな力を発生しなくてはなりませんから，筋肉に対して強い指令が送られます。軽い荷物なら弱い指令がきます。この強い・弱いは活動電位の頻度★で決まります。1秒間に5個の活動電位（これを5 Hz：**ヘルツ**といいます）よりも，10 Hzのほうが強い刺激なのです。

★活動電位の頻度：1秒間に何個の活動電位が送り届けられるか，ということを意味します。

🔶 Na^+チャネルを開けるのに必要な値，閾値（いきち）

ここで，いくつかの言葉の説明をしておきましょう。

神経や筋肉が電気などで刺激されて活動電位を発生するわけですが，もちろんあまりに弱い刺激では興奮しません。ある程度の強さが必要です。弱い刺激でも脱分極はするのですが，活動電位を発生するには至りません（図5-8）。つまり，Na^+チャネルを開けるにはある程度以上の脱分極が必要なのです。このNa^+チャネルを開けるのに必要な脱分極の値のことを「**閾値**」とよびます。

🔶 活動電位を発生しない時期，不応期

また，活動電位を発生した直後は，いくら強い刺激を与えても活動電位は発生しません。この時期のことを「**不応期**」とよびます（図5-8）。

図5-11において，興奮は右方向にのみ伝導していますが，これは興奮が左方向から伝導してきた場合，興奮部位の左側は不応期に入っているため反応しないからです。実験的に神経線維の真ん中あたりを電気刺激した場合は両方向に興奮が伝わりますが，生理的には興奮は細胞体（図

4-5参照）で発生し，神経線維の末端へ向かって一方向性に伝導していきます。

⑥ 興奮の伝達

● 1つの細胞で起こる伝導，他へ伝わる伝達

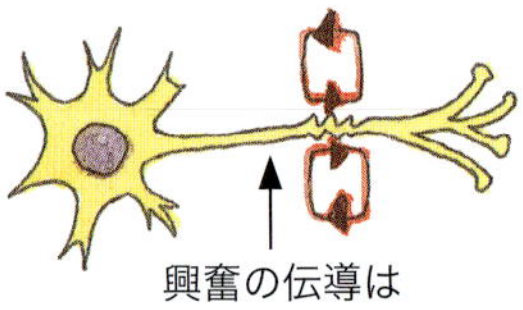

前項の「興奮の**伝導**」とこの項の「興奮の**伝達**」は似たような言葉ですが，意味が違います。

興奮の伝導とは1つの細胞の中で興奮がどのようにして伝えられるかを意味しているのに対し，興奮の伝達とは1つの細胞から他の細胞へどのようにして興奮が伝えられるかを意味しています。

● 神経の末端から隣の細胞へ

神経の細胞体で発生した活動電位は，神経線維を通って末端へと伝導していきます。神経線維の末端は枝分かれしており，これを**神経終末**とよびます。

神経終末まで活動電位が到達すると，そこから化学物質が放出されます。これが**神経伝達物質**です。神経伝達物質にはいろいろな種類があるのですが，**アセチルコリンやノルアドレナリン**（図5-12）などが代表といえるでしょう★。

さて，神経終末から放出された神経伝達物質は，神経終末のすぐ近傍（0.1μm程度の距離）にある隣の神経細胞や筋，あるいは分泌物を放出

興奮の伝導は
1つの細胞内で起こる

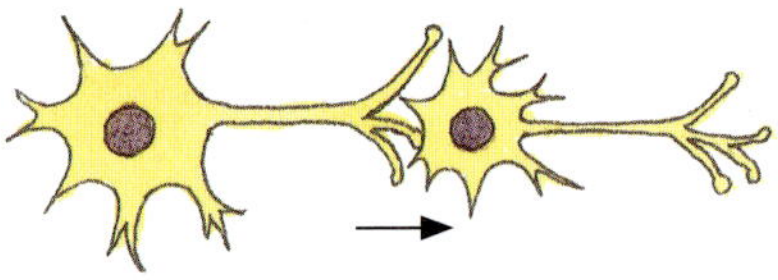

1つの細胞から他の細胞へ
伝わるのが興奮の伝達

★ "神経伝達物質がどのようなメカニズムで放出されるか"に興味のある読者は，ぜひとも生理学あるいは形態機能学の教科書をあたってみてください。

図5-12 神経伝達物質

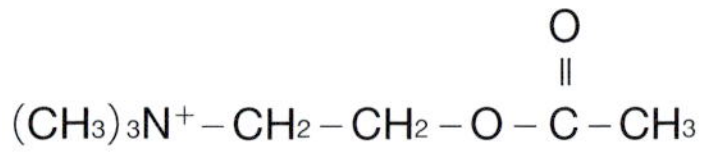

$$(CH_3)_3N^+-CH_2-CH_2-O-\overset{\overset{O}{\|}}{C}-CH_3$$

アセチルコリン

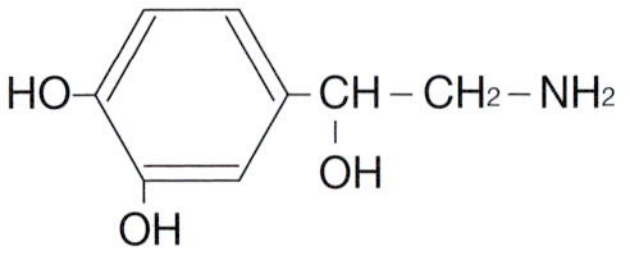

ノルアドレナリン

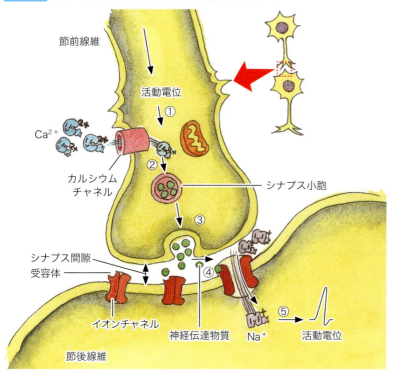

図5-13 興奮の伝達；神経伝達物質が隣の細胞を興奮させる

する腺細胞★の細胞膜上にある受容体（図4-12）に結合します。そしてこれが刺激となって，この細胞が興奮します（図5-13）。

　この隣の細胞が神経細胞であれば，情報が受け渡されたことになります。いくつもの神経細胞が複雑な神経回路を形成して，この中で情報がやりとりされて，思考や記憶，恋といった感情の発現などが生じるわけです。隣の細胞が筋細胞であれば，神経に刺激されて興奮し，つまり活動電位が発生し，その電気的な変化が収縮という機械的な仕事に変換され，運動が起こります。腺細胞の場合であれば，分泌というはたらきが起こります。

★腺細胞：汗を出す汗腺や唾液を分泌する唾液腺を思い浮かべてください。

それぞれ名前をもっている

　神経終末と，そこから情報を受けとる隣の神経細胞とが密接に接している部分のことを，**シナプス**とよびます。そしてシナプスで情報を与える，つまり神経伝達物質を放出する神経線維を**節前線維**，情報を受けとる神経を**節後線維**とよびます。神経と骨格筋が接している部分は，特に**神経筋接合部**とよばれます。

知っ得！まめ知識 5

心臓の収縮と拡張

　実際に記録された心電図をお目にかけましょう。縦軸は1cmが1mV，横軸は2.5cmが1秒です。一番上の図に示したように，小さな山がP波で心房の電気的な興奮を，鋭くとがった山がQRS波で心室の興奮開始を，そしてなだらかな比較的大きな山がT波で心室の興奮終了を表しています。通常は，心臓はP波→QRS波→T波をくり返してリズミカルに興奮し，そして収縮することで血液を拍出しています。

　このリズムが乱れてしまうのが不整脈です。いろいろな不整脈がありますが，最も恐ろしいのが心室細動です。心臓を構成する心筋細胞の電気的な同期性が失われて，てんでんばらばらに興奮・収縮するため，心臓全体としての収縮・拡張ができなくなり，血液が全く拍出できなくなります。つまり心停止です。

　その心電図が下の2段です。最初の部分ではリズミカルな興奮がみられるのですが，突然に大きく上下する波に変わっています。これが心室細動の心電図です。このまま放置すれば死が待っているだけです。

　そこで強い電流（直流）を流していったん心臓を止め，心臓マッサージをして心拍の再開を待つのです。公共の場に今ではほとんど必ず設置されているAEDは，この心室細動に対応して救命するためのものです。皆さんもぜひ，AEDの使い方を覚えておくとよいでしょう。

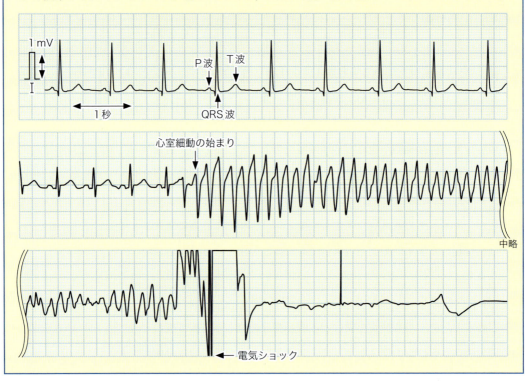

章末クイズ

正しい文章には○を，誤った文章には×をつけなさい。

❶ 電子が移動する方向と電流の方向は逆向きである。　□
❷ 生体内で起こる電気現象は，大部分，プラスのイオン（陽イオン）の移動によって生じる。　□
❸ 興奮性細胞の細胞膜は，細胞内が細胞外に比してプラスに帯電している。　□
❹ 活動電位は K^+ が細胞内に流入することによって発生する。　□
❺ 興奮が細胞から別の細胞へと伝わることを「興奮の伝導」という。　□

➡ 解答は206ページ

第6章

遺伝情報

　この章で扱うのは，分子生物学とよばれる領域の話題です。分子生物学は現在，猛烈な勢いで発展している領域で，連日のように新たな事実が解明されつつあります。高校の生物でもけっこう詳しいところまで教えるようになっています。この本でどの程度まで説明すべきか，つまり医療系の道に進むことを心に決めた読者の方々が，人間の身体がどのようにできていて，どのように機能するか，そしてどのようにして病気になるかを学ぶための基礎知識としてどこまで解説したらよいのか，とても悩ましいところです。さんざん悩んだあげく，本書では分子生物学についてはごくごく基本的な部分のみを扱い，その意味するところをたとえ話をまじえて説明することにします。

① 染色体とゲノム

染色体を本にたとえてみると…

第4章③で、核の中に染色体が46本入っており、各染色体上に遺伝子が乗っていることを説明しました。また、性染色体以外の常染色体は対になっていることも説明しました。そして染色体は遺伝情報が書き込まれた本のようなものであると書きました。このたとえでもう少し話を進めましょう。

染色体の本は2冊対

核という書棚に46冊の本が入っています。お母さんからもらった本をa、お父さんからもらった本をbとすると、それぞれが対になっているので、第1巻aと第1巻b、第2巻aと第2巻bといった具合で第22巻aと第22巻bまであり、第23巻目は女性ではX巻aとX巻bで対になっていますが、男性ではX巻aと小型でページ数の少ないY巻bからなる、そういう構成になっています。

中に書かれているもの

本物の本の場合は、料理の本とか哲学の本とか専門分野別になっていて、料理の本には料理のつくり方しか書いていないのですが、染色体の場合はゴチャゴチャで、16ページ目にテレビの組み立て方の説明が書いてあったかと思うと、125ページには俳句のつくり方が書いてあったりするようなものです。ただし、同じ巻の同じページでは、aとbでは同じことを扱っています。そこで第1巻のaとbのことを**相同染色体**とよびます。つまり、女性は23、男性は22の相同染色体があることになります。

ここで、例えば第9巻の53ページ★にはaにもbにも血液型の指示が書かれています。ただ、指示の内容がちょっとずつ違うのです。aには「血液型をB型にしてください」、bには「血液型についての指示は特にありません」と書いてあったとすると、BO★となり、その人の血液型はB型になります。aには「血液型をB型にしてください」、bには「血液型をA型にしてください」と書いてあればAB型になります。この血液型の例はかなり大きな違いですが、aの指示とbの指示には微妙な違いがあることが多く、それによって個人の特徴が現れます。

★このページ数は私が勝手につけたもので根拠はありません。覚えたりしないでください。

★Oとは何も書いてないという意味です。

個人差で一番大きいのは男女の違いですが、これはY巻b、つまりY染色体に乗っているSRY遺伝子とよばれる遺伝子によります。この本の何ページ目かに「性別を男性にしてください」というSRY遺伝子の指示が書かれており、この指示があれば男性になります。一方、X巻aにはSRY遺伝子がないので、Y巻をもたなければヒトは女性になります。

🔵 両親から半分ずつ

お母さんからもらったaシリーズの本23冊をもった卵と、お父さんからもらったbシリーズの本23冊をもった精子が合体（**受精**）して、受精卵ができます。この受精卵が細胞分裂をくり返して、私たちの身体ができあがります。ですから、私たちの身体を構成している細胞は、神経細胞も心筋細胞も皮膚の細胞も、どれも全く同じ本46冊をもっています。

細胞の形や機能がそれぞれ異なっているのは、どの本のどのページを読むのかが違うからです。46冊の本をすみからすみまで読破する細胞はありません。

🔵 ヒトとチンパンジーの違いは1％

この23巻の本に書き込まれている遺伝情報全体のことを**ゲノム**といいます。情報（指示）の数、つまり遺伝子の数は全部で25000くらいであろうと推定されています。先ほどの血液型に関する遺伝子も、そのなかの1つです。

ちなみにヒトとチンパンジーのゲノムの違いは1％程度にすぎないそうです。ゲノムだけからみるとほとんど同じ、といいたくなりますが、1％の違いでずいぶん大きな差を生じるものですね。

② DNAの情報に基づくタンパク質合成

🔵 DNAの構造をおさらい

第2章③「核酸とATP」の項で、DNAは、塩基と五炭糖、そしてリン酸からなるヌクレオチドがつながった鎖が2本くっついたものであることを説明しました。塩基のうちのアデニン（A）はチミン（T）と、シトシン（C）はグアニン（G）と結合するため、DNAはねじれたらせん状のはしごのような形になります（図2-18）。

核酸と遺伝子との関係は

ここで，DNA（核酸）と遺伝子との関係を簡単に説明しておきましょう。

遺伝子はタンパク質の合成を指示する説明書です。例えば，ある酵素★の合成を指示する遺伝子があったとします。ここで，この酵素を，50個のアミノ酸がつながってできたタンパク質であったとしましょう。

後でもう少し詳しく説明しますが，DNAの連続する3つの塩基が1つのアミノ酸に対応します。ですから50個のアミノ酸からなるタンパク質の合成を指示する遺伝子は，3×50＝150個の連続する塩基からなることになります。長いDNA鎖のあちらこちらに，このような遺伝子としてはたらく部位が存在するわけです。

この150個の連続する塩基が，遺伝子によって微妙に違ってきます。肝心な部分が違ってしまうと酵素としての活性がなくなってしまうのですが，場所によっては違うアミノ酸が入ってしまっても酵素としてのはたらきが失われない場合もあります。それでもアミノ酸の違いによって酵素の活性が異なり，これが一人一人の個性となって現れるのです。では，このことをもう少し詳しくみていきましょう。

★酵素もタンパク質です。タンパク質はアミノ酸がいくつもつながったものであることは第2章②-③で説明しました。

情報が読めるようにDNAを開く

遺伝子の情報に基づいてタンパク質を合成するときには，酵素（転写因子とRNAポリメラーゼ）のはたらきで塩基間の結合が切断され，ちょうどジッパーを開くように，2本鎖が離れます（図6-1）。本のたとえで

図6-1　DNAの2本鎖がタンパク質合成のために開かれる

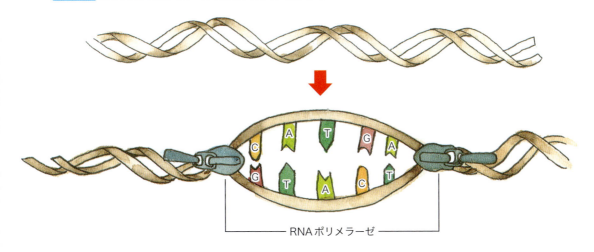

RNAポリメラーゼ

```
     Cys  Tyr  Phe  Gln
5'- TGTTATTTTCAA -3' コード鎖
3'- ACAATAAAAGTT -5' 鋳型鎖
         ↓
5'- TGTTATTTTCAA -3' コード鎖
    UGUUAUUUUCAA -5' 鋳型鎖
3'- ACAATAAAAGTT -5'
3'                5' mRNA
5'- UGUUAUUUUCAA -3' mRNA
     Cys  Tyr  Phe  Gln   (コード鎖と
                          同じ配列)
```

★アミノ酸については表2-2を参照してください。

いうと，本を開いたときに左ページと右ページが一緒に視界に入るようなものです．塩基間の結合は水素結合（図1-3）とよばれる弱い結合なので，簡単に開くことができるのです．

DNAの塩基が露出されました．つまり，本を開いたので読めるようになったわけです．そして片方の鎖（コード鎖）の塩基の並び（配列）が暗号になっているのです．連続する3つの塩基が組となって（この3つ組を**コドン**とよびます）1つのアミノ酸を指名します．例えば，チミン・グアニン・チミン（TGT）という塩基の配列はシステイン（Cys）というアミノ酸，TATはチロシン（Tyr），TTTはフェニルアラニン（Phe），CAAはグルタミン（Gln）といった具合です★．

ところでもう一方の鎖（鋳型鎖）ですが，CysのTGTに対応するのはACA，TyrのTATに対応するのはATAといった具合で意味がありません．つまり，見開きの，例えば左ページに情報が載っていたとすると，右ページは意味のない文字の羅列で（DNAを複製するときには大切になるのですが），タンパク質合成の面では白紙も同然です★．

★もちろん，逆に右ページに情報が載っていて，左ページが白紙のこともあります．

🔷 続いて情報をコピーする

さて，このようにして情報が読めるようになったわけですが，核の中ではアミノ酸をつなげてタンパク質を合成することはできません．書斎で料理の本を読み，その場で調理をはじめることができないのと同じことです．そこで台所にもっていけるようにコピーをとります．つまり，DNAの暗号をRNAが読みとります．これを**転写**といいます．

ただ，RNAの塩基はチミン（T）の代わりにウラシル（U）があり，これがDNAのアデニン（A）に結合します．ですから上記のDNAの暗号，TGTTATTTTCAAは，RNAではUGUUAUUUUCAAとなります（図6-2）．ここではたらいているRNAのことを**メッセンジャーRNA**★といい，mRNAと略します．

★メッセンジャー（messenger）の意味はわかりますね．情報を伝える使者です．

🔷 いよいよタンパク質合成へ

DNAの暗号を写しとった1本鎖のmRNAは，タンパク質合成の場となるリボソーム★に移動します．すると別のRNAである**トランスファーRNA**がはたらきはじめます．トランスファー（transfer）とは，運ぶ，あるいは手渡すという意味で，tRNAと略して表されます．

★第4章④-**2**を参照．

頭に ACA という塩基をもった tRNA がシステイン（Cys）を結合して運んできて，mRNA の UGU に結合します。次に，頭に AUA の塩基をもった tRNA がチロシン（Tyr）を運んできて mRNA の UAU に結合し，Tyr を Cys に結合させます。このようにしてアミノ酸が DNA の指示どおりに Cys-Tyr-Phe-Gln のようにつぎつぎと結合され，タンパク質が合成されていくのです（図6-3）。DNA がもっていた遺伝暗号がアミノ酸の配列に置き換えられるので，この過程を**翻訳**とよびます。

🔹 はじめとおわりの指示もしっかりと

しかし，tRNA としては mRNA のどこからどこまでを翻訳したらよいのかわからないと困ります。DNA はちゃんとその指示も出してくれているのです。

mRNA に AUG が現れたら★，それがタンパク質合成のスタートを意味します。これを**開始コドン**といいます。また，mRNA に UAA，UAG，あるいは UGA が現れたら終了の合図です。これを**終止コドン**とよびます。

★ DNA 上では ATG ですね。

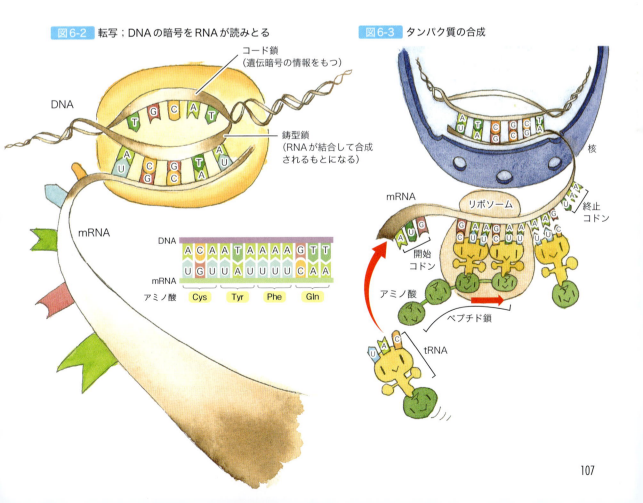

図6-2 転写；DNA の暗号を RNA が読みとる

図6-3 タンパク質の合成

③ 遺伝のメカニズム

🔹 背の高い，低いは遺伝する？

　遺伝子によって各個体の特徴（これを**形質**といいます）が子孫に伝えられることを，**遺伝**といいます。

　身長を例にとって話を進めましょう。身長は遺伝子のみによって決まるものではありません。栄養状態（栄養が悪ければ背は伸びない）や身体運動の量（運動は足りなくても，やりすぎても背は伸びない；ほどほどが伸びる），環境（日射量が少ないほうが背が伸びる），さらには親，特に母親の愛情（愛情を注がれなかった，いわゆるネグレクトされた子どもは小柄）なども身長に大きな影響を与えます。

　しかし，遺伝子が身長に大きな影響を与えることも事実です。背の高い両親から生まれた子どもは背が高くなることが多いですし，女性としても背の低い母親と，背の高い父親との間にできた子どもは平均的な身長になることが多いのです。

　しかし，背を高くする遺伝子とか，低くする遺伝子というものはありません。身体の成長は**成長ホルモン**によって促されることはご存知でしょう。このホルモンが分泌されすぎると，**巨人症**といってやたらと背が高くなります★。逆にこのホルモンの分泌が足りないと，大人になっても身長が1 mくらいしかない**低身長症**になります。

　これらは病気ですが，成長ホルモンの合成酵素のアミノ酸配列は第17巻（第17染色体）の210ページ★に記載されています。この合成酵素の活性が高ければ，たくさんの成長ホルモンが合成されて背は高くなるでしょう。また，成長ホルモンの受容体★のアミノ酸配列は第5巻の326ページ★に書かれています。受容体の性能の違いによっても，背の高さが変わってきます。

🔹 微妙なアミノ酸配列の違いが個人差を生む

　ここでは，よりありえそうな受容体のほうを例にとりましょう。成長ホルモン受容体はタンパク質ですから，アミノ酸がいくつもいくつもつながってできています。このアミノ酸配列の肝心なところが違っていては，受容体の機能が失われて，生まれてくることはできません。しかし，

★これまでの世界記録保持者はイギリス人の男性で，身長が2 m 70 cmもあったそうです。

★このページもデタラメです。

★第4章②-③参照。

★これもデタラメ。

それほど重要ではない部分のアミノ酸配列の指示は，遺伝子によって少しずつ違っている可能性があります。例えばバリン（Val）というアミノ酸の代わりにプロリン（Pro）というアミノ酸が入っていたり，といった具合です。

このような微妙なアミノ酸配列の違いによって，成長ホルモンに対する感受性が違ってきます。つまり，同じ量の成長ホルモンが作用したとしても，それによく反応する個体と，反応が鈍い個体を生じます。当然，前者のほうが背が高くなります。背の高さに限らず，ほとんどすべての形態・機能にかかわるタンパク質のアミノ酸配列にこのような微妙な違いがあり，それによって個人差を生じます。

こちらが優先！と主張する遺伝子

遺伝子，つまり46冊の各巻a, bの特定のページに書かれている指示ですが，「こちらの指示を優先してください」というただし書きがついていることがしばしばあります。このようなただし書きのついている指示を「**優性**」といい，ただし書きのついていない指示を「**劣性**」といいます。

ここで，感受性の高い成長ホルモン受容体をつくる遺伝子が優性であったとして，それをH，感受性のあまり高くない受容体をつくる劣性の遺伝子をhとしましょう★。

★優性を大文字で，劣性を小文字で表すのが通例です。

背の高いお母さんの遺伝子型がHh（つまり第5巻aにはH，bにはhと書かれている），背の高いお父さんの遺伝子型もHhだったとします。お母さんがつくる卵は，Hの遺伝子をもつものと，hの遺伝子をもつものとが半々になります。お父さんがつくる精子も同様です。どの卵にどの精子が受精するかは偶然ですので，生まれてくる子どもがもつ遺伝子型は，HHが1人，Hhが2人，そしてhhが1人となります（図6-4）。ただしこれは確率の話であって，HHが1/4で25％，Hhは2/4で50％，hhが1/4で25％の確率で生まれるという意味です。

HHもHhも背が高くなりますが，hhのみは背が低くなります。つまり，背の高い夫婦からでも背の低い子どもが生まれる可能性が25％の確率であるわけです。ここでHHやhhのように同じ遺伝子が2つそろっているものを**ホモ**とよび，HHは優性ホモ，hhは劣性ホモとなります。Hhのように違う遺伝子が組み合わさった場合は**ヘテロ**とよばれます。

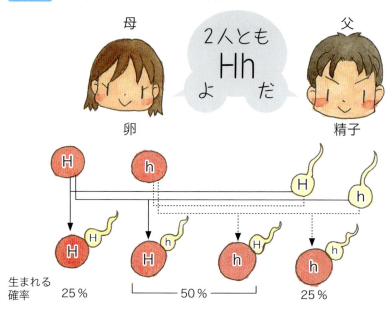

図6-4 親の遺伝子はどのように子どもに伝わるか

前に例にあげたABO式血液型の場合は，AとBの間に優劣がありませんので★，AAとAOはA型，BBとBOがB型，そして遺伝子型がABであるものは血液型もAB型，遺伝子型OOがO型となります。

★A・Bが優性，Oが劣性になります。

④ 遺伝病

● 異常な遺伝子が引き起こす病気

異常な遺伝子によって引き起こされる病気が**遺伝病**です（図6-5）。常染色体，つまり本にたとえれば第1巻～第22巻までのなかに異常遺伝子があって病気になるのが**常染色体性の遺伝病**で，性染色体（第23巻目），正確にいうとX染色体に異常遺伝子があって引き起こされるのが**伴性遺伝病**です。両者は病気の出現のしかたが違いますので，分けて説明しましょう。

1 常染色体遺伝病

● まれにしか起こらない

病気を引き起こす遺伝子が優性の場合も劣性の場合も両方ありますが，劣性の場合のほうが種類としてはたくさんあります。

しかし，そもそも病気を引き起こすような異常遺伝子はそんなにざらにあるものではありません。さらに，病気を引き起こす遺伝子が優性であれば若くして発病することが多いため★，結婚して子どもをつくるチャンスが少なくなります。劣性の場合も次の理由で少ないのです。

病気を引き起こす劣性遺伝子をdとしましょう。正常な遺伝子が優性ですからDです。DDでもDdでも正常な機能が営まれ，ddの劣性ホモの場合にのみ発病します。劣性ホモの人は，前述の異常遺伝子が優性の

★中年以降になって発病するものもあります。

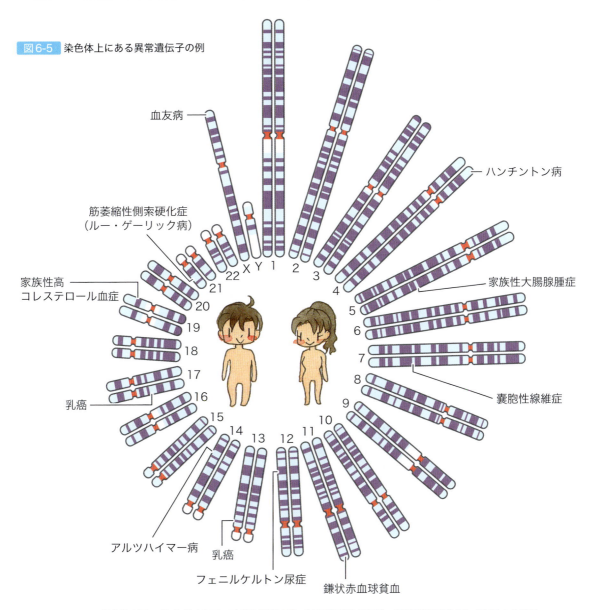

図6-5 染色体上にある異常遺伝子の例

染色体の図：「ヒトゲノムマップ 第1版第4刷」（文部科学省/監修），科学技術広報財団，2007より引用

ツタンカーメンも遺伝病だった？

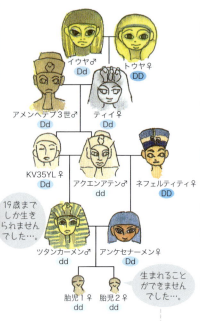

★本人たち自身も知らないことが多いです。

場合と同様に若くして発病しますから，結婚して子どもをなすことは少ないでしょう。したがって，両親がそろってDdのヘテロの場合に限ってddの子どもが生まれます。まれな異常遺伝子を両親がそろって受け継いでいることはきわめて少ないですし，そのような組み合せがあったとしても，ddの子どもは25％の確率でしか生まれません。

● 発症の確率が高まる場合

ただし，近親婚の場合は別です。遺伝子は親から子へ，子から孫へと代々受け継がれていきますので，その家系ではdの遺伝子をもっている人が多くいるはずです。兄弟・姉妹間の結婚は法律で禁止されていますが，日本ではいとこどうしの結婚は認められています。このような場合に，常染色体劣性遺伝の病気を発病する子どもが生まれる確率が高くなります。

また，他地域との交流の少ない限定された地域で，特定の遺伝病が多くみられることもあります。これは夫婦が遠い親戚どうしであり★，同じ病気の遺伝子の保因者（その病気を引き起こす遺伝子をもっている人）である可能性が高くなるからです。

● どんな病気がある？

常染色体劣性の遺伝病にはいろいろな種類があるのですが，前に書きましたように数が少ないので，なじみの深い病気ではありません。

唯一有名なものとして，**囊胞性線維症**（のうほうせい）という肺を中心とした病気があります。白色人種では20人に1人が保因者であり，新生児の2500人に1人が発症します。致死的な遺伝病であり，平均寿命は30歳に満たないのが現状です。ただ，日本では幸いなことにまれな病気です。つまり，この病気の原因となる遺伝子をもっている人が少ないのです。このため読者である日本の方々の多くはこの病気をご存知ないでしょうが，欧米では多いので多数の人が知っています。

★フェニルケトンはフェニルアラニンの代謝産物です。

★欧米では5000人に1人です。

また，**フェニルケトン尿症**という病気があります。この病気は，アミノ酸の一種であるフェニルアラニン（表2-2参照）を代謝する酵素に異常があり，尿中へのフェニルケトン★の排泄が増加することからこの名前がつきました。フェニルアラニンの血中濃度が上昇して，知能の発達が障害されます。日本でも7万人の新生児に1人の割合で発生します★。このため日本では，新生児全員の血液検査を行い（これを**マススクリー**

ニングといいます），血中フェニルアラニン濃度が高い子にはフェニルアラニンの含有量の少ないミルクや食事を与えます。これによって知能の発達障害を予防することができます。

常染色体優性遺伝をする遺伝病としては**神経線維腫症**が最も多く，3000人に1人くらいの割合で存在します。全身あちらこちらの神経に小さな線維腫が多発します。しかし良性腫瘍なので，命にかかわるものではありません。ただ，視神経や内耳神経に腫瘍ができると，失明や難聴をきたすことがあります。

また，**ハンチントン病**も有名です。これは大脳基底核★が変性してしまうことで起こる病気です。**不随意運動**★が特徴的な，致死的な病気です。しかし発症するのが30～40歳代のことが多いので，すでに子どもが産まれていることが多く，このため優性であるにもかかわらず遺伝してしまうのです。

★大脳基底核：大脳の奥のほうにある神経細胞の集合体で，運動の調整を行っています。

★不随意運動：手足が自分の意思に反して勝手に動いてしまう運動です。

2 伴性遺伝病

性別によって発現する頻度が大きく異なるのが，伴性劣性遺伝病です。これは，その病気の原因となる遺伝子がX染色体に乗っている場合に起こります。

● どんな病気がある？

代表的，かつ最も有名なのが伴性劣性遺伝病の**血友病**でしょう。血友病はケガを負っても出血がなかなか止まらない病気です。

血液は血管の中を流れているときには固まる★ことなく，滑らかに流れます。これは，血管の内側をすきまなくおおっている血管内皮細胞から，血液を凝固させない物質が常に放出されているからです。ところがいったん血管が破れると，血液は血管壁に含まれるコラーゲンなどのタンパク質に直接接触することになります。これによって，血液中に含まれている凝固因子とよばれる酵素がつぎつぎと活性化して，血液を凝固させるのです。

★これを**凝固**といいます。

ところが血友病の患者では，この凝固因子の一部（第8因子または第9因子）が欠落しているか，うまくはたらきません。このために出血がなかなか止まらないのです。

この血友病を引き起こす遺伝子はX染色体に乗っています。この章の最初のたとえでいえば，X巻aの532ページ★に第8因子のつくり方が記載されているとします。ところがそれが間違っているのです。例えば漢字が間違っていて「第8団子をつくる」と書いてあるようなものです。このため第8因子がつくられないか，活性のない"第8因子もどき"になってしまいます。

● X染色体に乗っている→男性に多く起こる

女性であればX巻bをもう1冊もっており，その532ページには正しいつくり方が書いてあり，しかも「こちらの指示を優先してください」のただし書きもついています。この正常で優性な遺伝子をGとすると，血友病遺伝子は劣性のgであり，Ggのヘテロであれば血友病にならずにすむのです。

ところが男性の場合，Y染色体，つまりY巻bは200ページまでしかなく，第8因子のつくり方についての記載がないのです。ですから，gという血友病の遺伝子が1つあるだけで血友病になってしまいます。

女性ではggのホモの場合にだけ血友病になりますが，これは滅多にありません。血友病の保因者である母親と，血友病の父親との間という滅多にない組み合わせの場合にしか女性の血友病患者は生まれません。ところが男性の場合，保因者の母親と正常な父親との間で，1/2の確率で患者が生まれてくるのです。

★しつこいようですが，これもデタラメ。

⑤ DNAの複製

分子生物学の解説書では，通常はこの「DNAの複製」が最初に出てくるのですが，ここではあえて後ろにもってきました。第7章の「細胞分裂」につながっていくからです。細胞分裂に際しては，1個の細胞が2個になるわけですから，DNAも複製して染色体を2倍に増やす必要があるのです。

● 同じDNAがつくられる

DNAの複製に際しても，タンパク質合成の場合と同様に，酵素★のはたらきによって2本鎖がジッパーを開くように解離します。本章②では本の左ページと右ページにたとえましたが，ここではDNAの2本鎖を構

★DNAの複製ではDNA合成酵素（DNAポリメラーゼ）がはたらきます。

成する鎖を L_1 と R_1 と名づけておくことにしましょう（図6-6）。

　続いて，DNA合成酵素（DNAポリメラーゼ）のはたらきによってヌクレオチドが運ばれてきて，新たな鎖が形成されます。塩基のAにはTが，CにはGが結合しますから，L_1 に結合して新たにつくられた R_2 は R_1 と全く同じになります。R_1 に結合して新たにつくられた L_2 も，L_1 と全く同じです。つまり，もとのDNA（L_1–R_1）から，全く同じ新しいDNA（L_1–R_2，L_2–R_1）ができるわけです。

　このようにして全く同じDNAがつくられ，DNA量は2倍になるのです。

図6-6　DNAの複製；同じDNAがもう1本つくられる

知っ得！まめ知識 6

乳癌

　現在，日本ではライフスタイルや食習慣の欧米化とともに，乳癌が猛烈な勢いで増加しています。大部分の乳癌は，上記のようなライフスタイルなどとホルモンの作用（詳細はまだ不明ですが）によって乳腺の細胞ががん化して生じるものですが，5～10％は乳癌遺伝子によって引き起こされることがわかっています。

　乳癌遺伝子は第13番または第17番染色体上にあり，優性です。つまり第13番または第17番遺伝子のそれぞれ2本の染色体のうち，1本にでも異常遺伝子があると，かなりの高確率で乳癌を発症してしまうのです。ふつうの乳癌の多くは45～55歳にピークがみられますが，遺伝性乳癌は30歳そこそこくらい，つまり若いころから発症する危険が高まります。この遺伝子をもっていると，生涯のうちに70～80％の人が乳癌に，40～50％の人が卵巣癌になります。

　母親も祖母も，比較的若い時代に乳癌または卵巣癌になったという人は用心してください。現在では遺伝子検査も可能で，米国の有名女優がこの遺伝子をもっていることが判明したため，両側の乳房切断手術と両側の卵巣摘出術を受けたという報道もありました。

　なお，数ははるかに少ないですが男性でも乳癌になることがあります。女性だけの病気と油断していてはいけません。乳腺部分にしこりを触れたら検査をしてもらいましょう。

章末クイズ

正しい文章には○を，誤った文章には×をつけなさい。

❶ 46本の染色体に書き込まれた遺伝情報全体のことをゲノムという。　□
❷ DNAの暗号をRNAが読みとることを「翻訳」という。　□
❸ ABO式血液型の遺伝子型がAOの母親とBOの父親からはA型，B型，AB型，O型，すべての型の子どもも生まれる可能性がある。　□
❹ 遺伝病を引き起こす遺伝子は，正常遺伝子に対し，優性であることが多い。　□
❺ 伴性劣性遺伝病の発症の可能性は，男性に比して女性のほうがはるかに高い。　□

解答は206ページ

第7章

細胞分裂

　第4章の「細胞」で説明しましたが，私たちの身体を構成する細胞1個1個，それぞれが生命体です。私たちが生殖によって子孫を残すのと同じように，細胞も細胞分裂によって新しい世代を生み出します。胎児期や子どもの頃には，身体を大きく発達させるためにどんどん細胞分裂が行われ，死んでいく細胞の数よりも，生まれる細胞の数のほうが多く，このため細胞数は増えていきます。これを増殖といいます。しかし成熟した後は，ケガや手術で組織の欠損が起こった場合や，がんなどの悪性腫瘍の場合以外はもう増殖はせず，新旧の交代が起こるだけとなります（図7-1）。

① 分裂する細胞としない細胞

　胎児期にはすべての細胞が細胞分裂を行い増殖します。ところが誕生後は，①細胞分裂によって新旧交代を行う細胞と，②もう分裂能を失ってしまう細胞，そして③ふだんはあまり細胞分裂をしないのですが，必要にせまられると細胞分裂を活発に行う細胞，に分かれます。

1 細胞分裂によって新旧交代を行う細胞

　細胞分裂をくり返す細胞としては，皮膚の細胞を例にあげるとわかりやすいでしょう。皮膚は外側から順に，主としてケラチン細胞からなる**表皮**，コラーゲン線維や弾性線維を多く含み，さまざまな皮膚感覚（触覚，痛覚，温覚など）の受容器が存在する**真皮**，そして脂肪細胞（皮下脂肪）を多く含む**皮下組織**からなっています。ここで取り上げるのは表皮です（図7–2）。

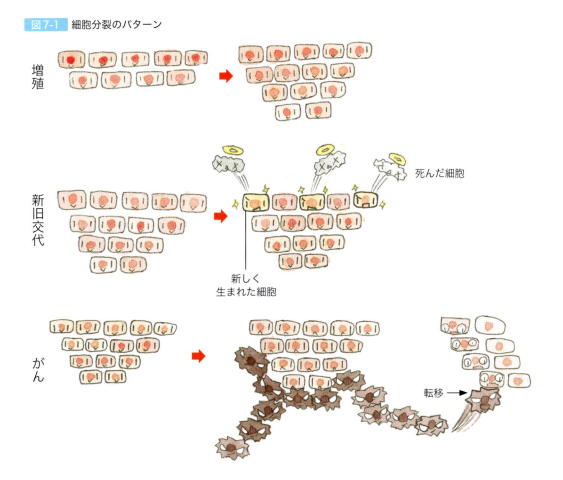

図7-1　細胞分裂のパターン

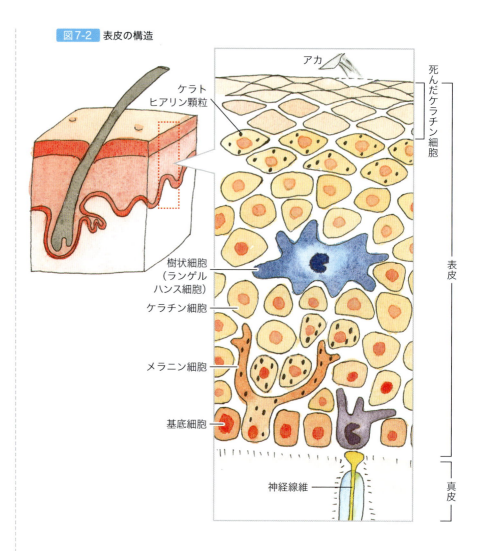

図7-2　表皮の構造

●つくられ続ける表皮

　表皮の一番底，真皮との境目の部分に**基底細胞**とよばれる細胞が一列に並んでいます。この細胞が細胞分裂を起こして2つの細胞になります。一方はそのまま基底細胞としてその場にとどまりますが，他方は**ケラチン細胞**（ケラチノサイト，角化細胞）となって上方（皮膚表面の方向）へ押し上げられます。基底細胞がつぎつぎと分裂するため，古いケラチン細胞は上へ，上へと押し上げられていきます。

　その間に，ケラチン細胞の中にケラトヒアリン顆粒★が形成されます。やがてケラチン細胞は死にますが，その死んだ細胞の中は**ケラチン線維**とよばれるタンパク質のかたい線維で満たされます。ちょうど魚のうろ

★ケラトヒアリン顆粒：次に出てくるケラチン線維の原料です。この名前は覚えなくて大丈夫です。

こが重なっているようなものです。皮膚の強靭さは死んだケラチン細胞のおかげなのです。

この死んだ細胞もつぎつぎと上へ押し上げられ，やがてアカやフケとなって脱落します。ケラチン細胞が生まれてからアカやフケとなって脱落するまでに，だいたい1カ月かかります。

● 赤血球や毛も細胞分裂をくり返す

表皮の細胞以外にも，赤血球や白血球をつくる細胞，毛根で毛をつくっている細胞も細胞分裂をくり返しています。

いきなり話題が変わって読者はびっくりされるかもしれませんが，抗がん剤の主な副作用をご存知でしょうか。**貧血**と**脱毛**です。貧血がひどくなると，抗がん剤の投与を中止せざるをえなくなる場合もあります。脱毛は全く命にかかわる問題ではないのですが，特に女性では精神的な苦痛となります。

抗がん剤にもいろいろな種類がありますが，がん細胞の増殖を抑えるために，細胞分裂を抑制する薬が多用されます。この抗がん剤によってがん細胞のみならず正常な細胞の細胞分裂まで抑制されてしまうため，赤血球や毛がつくれなくなって貧血や脱毛が起こるのです。

2 分裂能を失ってしまう細胞

● 神経細胞は失われ続ける

誕生後は細胞分裂をしない細胞としては，**神経細胞**が代表といえるでしょう。脳は神経細胞と神経線維（軸索）の塊のようなものです。大脳皮質★だけでも10億〜100億個の神経細胞が存在すると考えられています。この神経細胞ですが，誕生後は細胞分裂を行わないのです。

ということは，神経細胞の数は誕生直後の新生児期が最も多く，後は減るだけです。読者の多くは20歳前後でしょう。20年も生きてきたのですから，数百万個★の神経細胞が失われていることでしょう。

でもご安心ください。知能は，神経細胞の数だけで決まるものではありません（もちろんある程度の数は必要ですが）。知能は神経細胞どうしの線維連絡（神経回路）の複雑さで決まります。勉強したり考えたりすることで，神経回路の複雑さが増加し，知能は向上していきます。

★大脳皮質：考えたり，記憶したりといった知的作業を行う部分です。

★この数字は不正確で，もっと多いかもしれません。20歳以降は1日に10万個程度の神経細胞が死滅するという推定もあります。

分裂できなくても修復はできる

骨格筋や心筋も細胞分裂能を失っており，例えば心筋梗塞★によって酸素不足に陥って死んでしまった心筋細胞は再生できず，後は分裂能が高い線維組織で置き換わるだけです。

ただし，分裂能を失っていても修復は可能です。神経細胞の場合，細胞体（図4-5）が死んでしまうともうおしまいですが，末梢神経の神経線維が切れてしまった場合は再生が可能です（図7-3）。

★心筋梗塞：心筋組織に血流を送る動脈がつまってしまう病気。

3 必要に応じて活発に分裂する細胞

ふだんはあまり細胞分裂をしないのですが，必要に応じて活発な細胞分裂を再開するものとしては**肝細胞**が代表です。

肝臓を構成する肝細胞は，ふだんはあまり細胞分裂を行わず，細胞分裂を行っている肝細胞は全体の1％以下しかありません。ところが，例えば生体肝移植のために肝臓の半分（通常は半分以上）を切除して肝臓が小さくなってしまうと，全体の10％以上の肝細胞が細胞分裂をはじ

図7-3　神経線維は切れても再生する

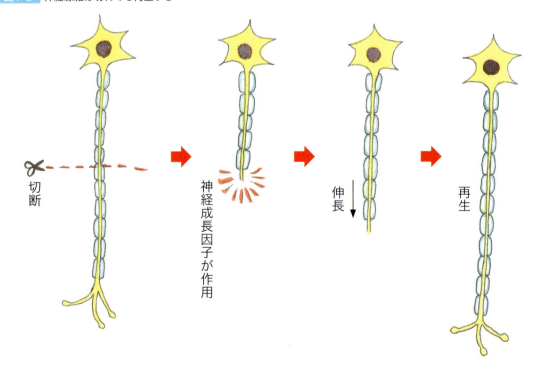

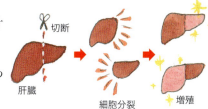

め，増殖してやがてもとの大きさまで回復します。移植されたほうの片割れも同様に増殖します。

肝細胞が細胞分裂を再開するのは，各種のホルモンや生理活性をもつさまざまな化学物質（**サイトカイン**）が肝細胞に作用するためです。

② 細胞周期

細胞分裂をくり返す細胞について，細胞分裂終了後から次の細胞分裂が完了するまで〔これを**細胞周期**（cell cycle）といいます〕，この間に起こるできごとを順を追ってみていきましょう。

細胞の分裂に先立って核分裂が起こります★。細胞周期は大きく6～36時間続く**間期**と，30分～2時間かかる**分裂期**に分けられます。それぞれを以下のようにさらに細かく分けます。

★ ここでいう核分裂とは，細胞の核が複製されて2つに分かれることです。原子力関係でよく用いられる核分裂（原子核の分裂）とは全く関係ありませんので，ご注意ください。

1 間期

間期はG_1期，S期，G_2期に分かれます。

- **G_1期**（図7-4A）：細胞分裂を行った直後ですから赤ちゃんのようなもので，細胞は小さく，その細胞が果たすべき機能もまだ発達していません。このG_1期にRNAが多量につくられ，それに続いてタンパク質合成も亢進し，細胞はもとのサイズまで成長するとともに，分化してその細胞がもつべき機能を発揮するようになります。

  ちなみにG_1期のGとはgap（ギャップ）の頭文字で，間隙という意味です。この時期の染色体は糸状で，光学顕微鏡ではその姿をはっきりと見ることはできません★。

★ なお，この時期の染色体46本を全部縦につなぎ合わせると，2m近くもの長さになります。直径8μm（1μmは1mmの1/1000）程度の小さな核の中にこれだけのものがつまっているのですから，驚きです。

- **S期**（図7-4B）：G_1期に続いてS期となります。S期のSとはsynthesisの頭文字で，合成という意味です。この時期に染色体が複製され★，DNAの量は2倍になります。ふだんの細胞の染色体数は$2n$と表されますから★，この時期の染色体数は$4n$になっているということもできます。また中心体の複製が始まります。

★ 第6章⑤参照。
★ 第4章③参照。

- **G_2期**（図7-4C）：核分裂準備期で，RNAとタンパク質の合成が亢進

し，核分裂に備えます．中心体の複製が完了して2つになります．

2 分裂期

細胞分裂のことを英語でmitosisといいますので，その頭文字をとってM期ともよばれます．**M期**は前期，中期，後期，終期の4段階に分けられます．

- **前期**（図7-4D）：糸状であった染色体が凝縮してしだいに太く短くなっていきます．複製された2本ずつの染色体は**動原体**とよばれる部分で結合しています．また，複製された**中心体**は分かれて，それぞれ細胞の両極★に向かって移動を開始します．中心体から**紡錘糸**とよばれる糸状の管（**微小管**）が伸びていきます．

> ★極は地球の北極・南極のように細胞の両端を指し，赤道面はやはり地球と同様に細胞の中央を通る面を指します．

- **前中期**：核膜が崩壊し断片化します．細胞の両極に移動した中心体から伸びた紡錘糸が各染色体の動原体に付着して，紡錘体が形成されます．
- **中期**（図7-4E）：核膜が消失し，染色体は細胞の赤道面に並びます．

図7-4 細胞周期

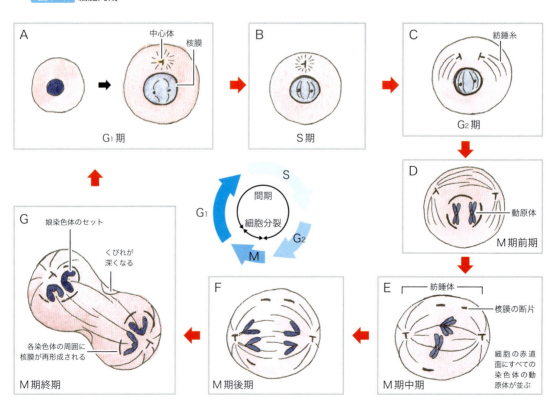

- **後期**（図7-4F）：赤道面に並んでいた染色体が分かれ，紡錘体に引っ張られるように細胞の両極に向かって移動します。後期終了の間際頃から細胞の中心部分の細胞膜にくびれが入り，細胞分裂が開始されます。
- **終期**（図7-4G）：両極に分かれた染色体の周囲に核膜が形成されて，核分裂が終了します。次いで細胞膜のくびれが深くなり，最終的に2個の細胞となって細胞分裂が終了します。なお，細胞分裂をする前の細胞を**母細胞**，細胞分裂によって生まれた2つの細胞を**娘細胞**といいます。

分裂しない間はお休み時期に入る

前の項で述べた肝細胞のように★，ふだんはあまり細胞分裂をしませんが，必要に迫られると細胞分裂を開始する細胞では，M期の終了後にお休みの時期であるG_0期に入ります（図7-5）。そしてホルモンやサイトカインによる刺激を受けると，G_1期に再突入するのです。

★本章①-3参照。

図7-5　G_0期は細胞分裂お休みの時期

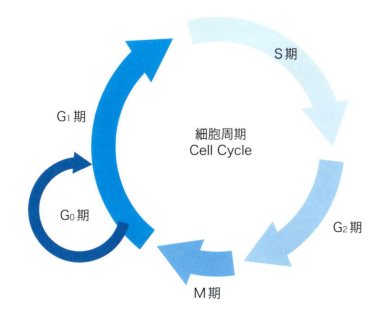

③ 幹細胞

● 各部位ではたらく細胞を生み出す細胞

もう何度も書いたことですが、私たちの身体はたった1個の受精卵が細胞分裂をくり返し、増殖することでできあがったものです。この過程で各細胞はそれぞれの役割に応じて特別な形態をとり、独特の機能をもつようになります。このように、形態的・機能的に特殊化していくことを**分化**といいます。

いったん分化してしまった細胞は、もうもとには戻ることができません。ですから、分化しないで細胞を生み出す細胞が必要です。このように、細胞分裂によって分化した細胞を生み出すことのできる細胞のことを**幹細胞** (stem cell) とよびます。幹細胞は大きく**多能性幹細胞**と**組織幹細胞**に分けられます。

1 多能性幹細胞

● 受精卵からできるES細胞は、あらゆる細胞になれる

受精卵はすべての細胞に分化しうるわけですから、究極の幹細胞ということができるでしょう。実際には細胞分裂を何回かくり返した後（胞胚）の細胞を用いますが、これを**胚性幹細胞** (embryonic stem cell)★、略して**ES細胞**とよびます（図7-6）。

このES細胞の培養が可能になったときには、大きな期待が寄せられました。というのは、例えば心筋梗塞で心筋細胞の一部が死滅してしまうと、前に述べたように心筋細胞はすでに分裂能を失っていますから、後

★受精後2カ月までを胚 (embryo)、それ以降を胎児 (fetus) とよびます。

図7-6　ES細胞は受精卵からつくられる

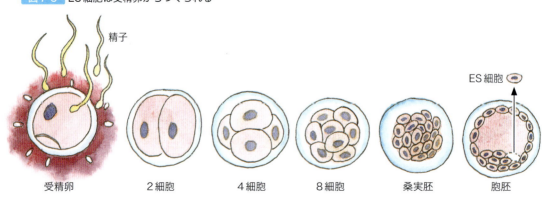

受精卵　2細胞　4細胞　8細胞　桑実胚　胞胚　ES細胞　精子

は増殖能のある線維組織で置き換わるだけです★。線維組織には収縮能はありませんから、心臓全体の収縮機能が低下し、十分な血液を拍出できなくなって（心不全）、命にかかわる場合もでてきます。そのようなときにこのES細胞を心臓に移植してやれば、心筋細胞に分化して、失われた心筋組織を補ってくれることが予想できるからです。

ところが、倫理的な問題点が指摘されて、この研究は頓挫してしまったのです。研究段階ではラットなどの実験動物を使っているからよいのですが、これをヒトに応用するとなると問題が生じます。問題というのは、まだ胚であるとはいえ、受精卵が分裂をはじめてヒトへと成長を開始しているのです。これをバラバラにして他人に移植するのはいかがなものか。人殺しと同じではないか、という議論です。

★本章①-❷参照。

● 人工的につくったiPS細胞も、あらゆる細胞になれる

この問題に突破口を開いたのが、ノーベル賞を受賞した山中伸弥教授の**iPS細胞**です。iPSとはinduced pluripotent stem cellの略で、日本語では**人工多能性幹細胞**となります。

先ほどは、いったん分化した細胞はもうもとには戻らないと書きましたが、山中先生は、たった4つの遺伝子を導入する★だけで、分化してしまった細胞をもとの多能性のある（つまりいろいろな細胞に分化しうる）細胞に引き戻す（**脱分化**させる）ことができることを発見したのです。この脱分化させた細胞がiPS細胞です（図7-7）。

★遺伝子の導入とは、染色体を本にたとえるなら、情報が書き込まれたメモ（遺伝子）をページの間に挿入するようなものです。

図7-7 iPS細胞はいろいろな細胞になれる

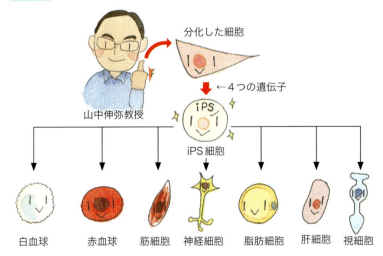

このiPS細胞なら，前記の倫理的問題をクリアすることができます。なぜなら，自分自身の細胞，例えば皮膚や血液中の細胞をとってきて，これをiPS細胞にして移植すればよいのですから，他者の命を奪うことには全然なりません。さらに自分自身の細胞ですから，移植の際に問題となる拒絶反応も起こりません。

　現在，このiPS細胞を臨床に応用すべく，猛烈な勢いで研究が進められています。皆さんがこの本を読んでいる頃にはもう臨床で広く使われ，多くの人の命が助かったり，失明してしまった人が再び視力を回復したりしているかもしれませんね。

2 組織幹細胞
ある細胞群だけになれる幹細胞

　多能性幹細胞よりももう少し分化した細胞で，すべてではなく，1つあるいはある一定の細胞群に分化しうる能力をもった幹細胞です（図7-8）。

　例えば**造血幹細胞**は赤血球，白血球，血小板などの血球成分に分化す

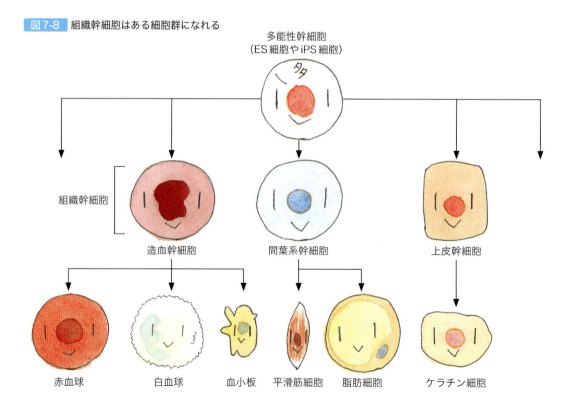

図7-8　組織幹細胞はある細胞群になれる

図7-9 分裂しても片方は幹細胞のまま

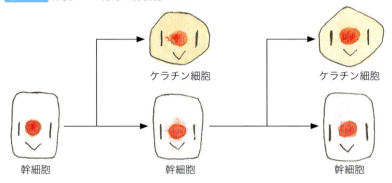

る能力をもっています。しかし他の細胞，例えば平滑筋細胞に分化することはできません。平滑筋細胞に分化できるのは**間葉系幹細胞**です。この章の①-**1**で例にあげた皮膚のケラチン細胞を生み出す基底細胞も，組織幹細胞であり，図7-8に示した**上皮幹細胞**の一種です。

● 分裂しても1個は幹細胞のまま

皮膚の基底細胞のところでもちらっと述べたのですが，幹細胞の大きな特徴として，**自己複製能**★があることがあげられます。

幹細胞は細胞分裂によって2個の娘細胞を生み出します。このとき，一方の娘細胞は分化した細胞，例えばケラチン細胞になりますが，もう一方の娘細胞は母細胞と同じ幹細胞になります（図7-9）。このようにして幹細胞は一生の間，保持されるのです。

分化した後にも分裂能をもっている細胞もありますが，多くの細胞における増殖や新旧交代のための細胞分裂は，これらの幹細胞（組織幹細胞）の細胞分裂によるものです。

★自己複製能とは，自分と全く同じ細胞をつくりだすことです。

④ 減数分裂

● 染色体の数が半減する

第6章①で書いたように，私たちは母方からの染色体と父方からの染色体を各1本ずつ，23組もっています。本にたとえると同じ本を2冊ずつもっていますので，これを**2倍体**といい，**2n**と表します。私たちはみ

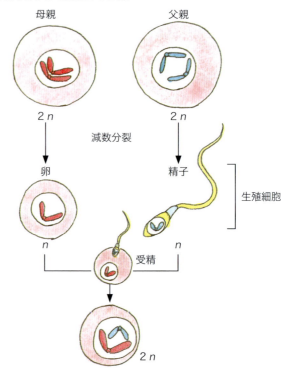

図7-10 減数分裂のおかげで受精しても2n★

★染色体は前述のように46本ありますが、全部を描くとゴチャゴチャでわからなくなりますので、ここでは2本だけを描いています。

な2倍体です。

ところが、生殖細胞（卵と精子）が受精して新しい生命が誕生するのですから、生殖細胞の染色体の数は半減してn（**1倍体**）になっている必要があります。なぜなら、nの卵とnの精子が合体してn＋n＝2nとなる必要があるからです（図7-10）。この染色体数を半減させる細胞分裂のことを**減数分裂**とよびます。減数分裂は第一分裂と第二分裂の2段階で行われます。

1 第一分裂

第一分裂ではDNA合成によって染色体の数が2倍（4n）になります。ここまでは通常の細胞分裂★と同じなのですが、ここからちょっと違ってきます。

★通常の細胞分裂のことを**体細胞分裂**といいます。

● 染色体の本がセットでそろわない

通常の細胞分裂では、複製された染色体が赤道面に整列して紡錘体によって細胞の両極に引っ張られていきます（図7-4 E〜F）。本のたとえでいうと、母方からもらった第1巻aが複製されて2冊となり、それが2

つの細胞に分かれていきますから，2個の娘細胞は第1巻aを1冊ずつもつことになります。父方からもらった第1巻bについても同様で，23巻全部についてもとと全く同じ本がそろうことになります（図7-11）。

ところが減数分裂の第一分裂では，それぞれ複製された相同染色体（第1巻のaaとbbなど）は対合して赤道面に並び，紡錘体に引かれて両極に分かれます（図7-12）。つまり，新しく生じた2個の娘細胞のうち，一方は第1巻aを2冊もっていますが，第1巻bはもっていない，もう一方の娘細胞は第1巻bを2冊もっていますが，第1巻aはもっていないことになります。

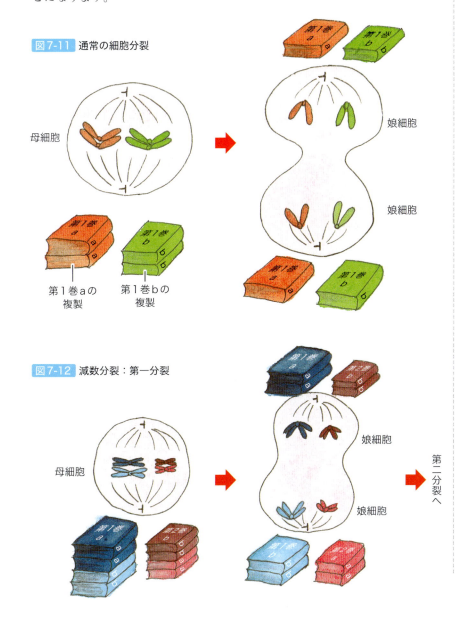

図7-11 通常の細胞分裂

図7-12 減数分裂：第一分裂

第2巻以降も同様で，どちらの娘細胞にaがいくかbがいくかは全く偶然で決まります。ここで生まれた2つの娘細胞はDNA量としては2nですが，母方か父方のどちらかしかもっていませんので，nが2組と表現します。

🔶 染色体の本どうしでページを交換！

これだけであれば比較的簡単なのですが，事態はもう少し複雑です。

複製された染色体が対合して赤道面に並んだときに，aとbの間で交叉（これを**キアズマ**といいます）が起こって遺伝子の組換えが行われます。つまり，第1巻のaとbの間でページが交換されるのです。

1つの染色体で平均2〜3個のキアズマができますが，ここでは単純化するためにキアズマを2個だけ生じた場合のようすを示します（図7-13）。これによって，母方からもらった遺伝子と父方からの遺伝子とが混じり合います。

図7-13 キアズマで遺伝子を交換する

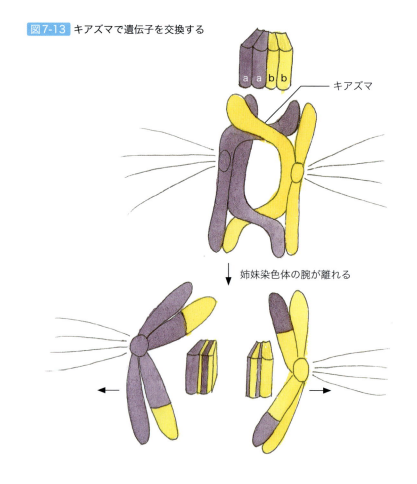

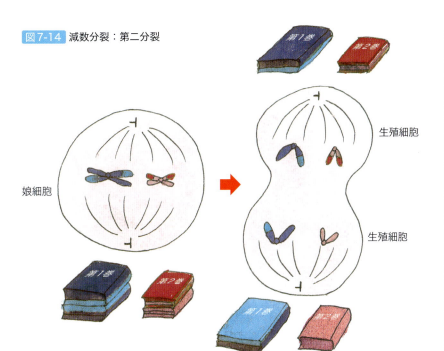

図7-14 減数分裂:第二分裂

2 第二分裂

● ここで染色体数が半減

第一分裂に続いて第二分裂に入ります。第二分裂ではDNA合成による染色体の複製は行われず，染色体はそのまま赤道面に並び，紡錘体に引かれて両極に分かれます（図7-14）。これで染色体数は半減することになります。第一分裂で生じた2個の娘細胞がそれぞれ第2分裂を行いますから，結局，1個の母細胞から4個の生殖細胞が生まれることになります（右の体細胞分裂と減数分裂を並べた図も参照ください）。

● 男の子と女の子は等しく生まれる

性染色体（X染色体とY染色体）についてですが，女性（XX）がつくる卵はX染色体を1つだけもっています。ところが男性（XY）がつくる精子は，X染色体を1つもつ精子が2個，Y染色体を1つもつ精子が2個できることになります。

そしてX染色体をもつ精子が卵に受精すればXXで女の子が生まれ，Y染色体をもつ精子が受精すればXYで男の子が生まれます。このようにして，男女が誕生する確率は等しくなるのです。

● 精子は4個，卵は1個

なお，精子のもととなる細胞（**精母細胞**）からは4個の精子を生じま

すが，**卵母細胞**からは1個の卵しか生じません。残りの3個は**極体**とよばれる小さな細胞となり，やがて萎縮して消滅してしまいます。

3 有性生殖の意義

● どうして単なる細胞分裂で増えないの？

　細菌や単細胞の動物などは，単なる細胞分裂によって増殖します。このほうが単純で簡単なようですが，なぜ私たちは，面倒な減数分裂が必要な方法（これを有性生殖といいます）で子孫を残すのでしょうか。

● さまざまな遺伝子の組み合わせが生まれる

　これは**遺伝子の多様性**を維持するためです。

　母親が卵をつくるとき，一部の染色体は母親の母親，つまり祖母からもらった染色体ですし，一部は祖父からもらった染色体です。さらに祖母からもらった染色体でもキアズマ（図7-13）によって遺伝子の組換えが起こりますので，祖父からの遺伝子も混じっています。父親が精子をつくるときにも同様のことが起こります。

　これらによって，生まれてくる子どもは母方の祖父母，父方の祖父母の遺伝子をさまざまな割合でもつことになり★，遺伝子の組み合わせは両親とはかなり違ったものになります。これが遺伝子の多様性であり，環境が大きく変化して親は生きながらえることができなくても，子どもがその変化に強い遺伝子をもっていれば，種全体として生き延びることができる可能性が高くなるのです。

★祖父母どころかそれよりずっと前の祖先の遺伝子もたくさんまじっています。

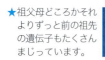

●「ババ抜き」「7並べ」それぞれに強い手札

　これは，トランプゲームでカードをシャッフルすることによって，ゲーム参加者の手札が毎回違ってくるのと同じです。

　「ババ抜き」（それまでの環境）に強い手札をもっている親から生まれた子どもが親と同じ手札をもっていれば，子どもも「ババ抜き」には強いでしょう。しかしカードを配り終わった後で，"「ババ抜き」はやめて「7並べ」に変更します"と突然言われても★，シャッフルしてあれば「7並べ」に強い手札をもっている子がいる可能性が高くなるのです。

★環境の変化というのはそんなものです。

知っ得！まめ知識 7

性同一性障害

　性染色体がXXなら女性，XYであれば男性になると書きましたが，これは生物学的な性で，英語ではsexといいます。一方で社会学的，心理学的な性は英語ではgenderです。通常はこのsexとgenderは一致するのですが，時としてこれが一致しないことがあります。これが性同一性障害です。

　つまり，性染色体はXXで身体は完全な女性なのですが，自分ではどうしても男性であるとしか思えない。つまり女の身体に男の脳が宿ってしまった，あるいは逆に男の身体に女の脳が宿ってしまった，といった事態が起こります。これらの方々は「自分は間違った性に生まれてきてしまった」とたいへん悩むことになります。

　この原因はいまだにわかっていないのですが，思春期前の子どものときからこの違和感を生じますから，趣味や好みの問題ではありません。現在では専門の医師の診断がつけば，脳を取り換えることはできませんので，身体のほうを脳の性に一致させる性転換手術を行うことができます。戸籍の性も変更可能です。

章末クイズ

正しい文章には○を，誤った文章には×をつけなさい。

❶ 表皮のケラチン細胞や血球は一生の間，細胞分裂をくり返す。　　□
❷ 細胞周期のS期にDNAが複製される。　　□
❸ 幹細胞の特徴は自己複製能をもつことである。　　□
❹ 1個の卵母細胞が減数分裂を行うと4個の卵を生じる。　　□
❺ 有性生殖の意義は遺伝子の多様性を維持することにある。　　□

➡ 解答は206ページ

第8章

人体の階層構造

　第4章で，私たちの身体内にはいろいろな種類の細胞があることを説明しました。これらの細胞は，泥棒が金目のものをつぎつぎにズタ袋に放り込むように，身体という袋の中に適当に詰め込まれているわけでは，もちろんありません。コンピューターが，多くのICチップやコンデンサー，抵抗器などが整然と配置された基板が何枚も，これまた整然と並べられて配線されてできあがっているように，各種の細胞がその目的に応じて整然と配置されることによって私たちの身体ができあがっています。

ある目的を果たすために，同種の，あるいは複数種の細胞が集まってできる構造を「**組織**」といいます。そして複数種の（多くの場合，すべての）組織が集まって胃とか心臓，肺といった「**器官**」（臓器）ができます。

　そして複数の器官が集まって1つの仕事を完全にこなすことのできる「**器官系**」が構成されます。例えば，胃や腸，肝臓や膵臓など複数の器官が集まって，食べたものを消化し，そのなかから栄養素を吸収し，そして私たちが必要とするものを合成する，といった一連の仕事をやり遂げる消化器系ができあがります。

　このように私たちの身体は，細胞―組織―器官―器官系―個体といったいろいろなレベルに分けることができます。このようなレベル分けのことを**階層構造**とよびます★。

★ちなみにこれから皆さんが学ぶ西洋医学では，診療科は主として器官系によって分けられることが一般的です。消化器内（外）科，循環器内（外）科，脳神経内（外）科といった具合です。一方，漢方医学は階層構造にとらわれず，全体である個体として治療をはかるという大きな違いがあります。

① 組織

　組織は**上皮組織**，**支持組織**，**筋組織**，**神経組織**の4つに大きく分けられます。この4つの組織について，もう少し詳しくみていきましょう。

1 上皮組織

　身体の表面，あるいは内腔の表面をおおう細胞の層です。細胞の形や配列のしかたによって次のように分類されます。

ⅰ）**単層扁平上皮**（図8-1）：平べったい細胞が1層だけで内腔をおおっています。血管の内腔をおおう血管内皮が代表的です。

ⅱ）**重層扁平上皮**（図8-2）：平べったい細胞が何層も重なって表面をおおっています。皮膚がその代表ですが，口腔や食道の内腔表面や膣の粘膜も重層扁平上皮でおおわれています。眼の角膜も，この重層扁平上皮です。

ⅲ）**単層立方上皮**（図8-3）：切断面でみると立方形の1層の上皮細胞がおおっているもので，腎臓の尿細管などにみられます。

ⅳ）**単層円柱上皮**（図8-4）：図4-2と同じものですが，円柱形の細胞が1層並んでいるもので，胃や腸，子宮や卵管の内腔をおおいます。

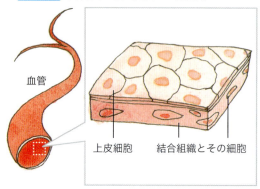

図8-1　単層扁平上皮（代表：血管内皮）

図8-2　重層扁平上皮（代表：皮膚）

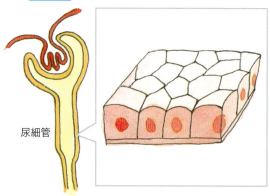

図8-3　単層立方上皮（代表：腎臓の尿細管）

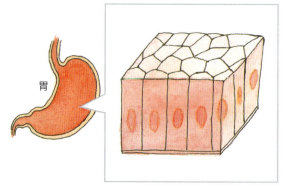

図8-4　単層円柱上皮（代表：胃）

　ここまでが主なものですが，他にも次のような上皮があります。

ⅴ）**多列上皮**（図8-5）：1層の円柱上皮なのですが，細胞の高さがいろいろで，核の位置もさまざまなので，一見すると何層にも重なっているようにみえる上皮です。鼻腔や気管にみられます。

ⅵ）**移行上皮**：図8-6Aのような重層の上皮です。尿管や膀胱，尿道の一部にみられます。尿管を尿が通過するときや膀胱では尿が充満したときに，この上皮が扁平になってずれ，図8-6Bのように変化します。

2 支持組織

細胞間質に細胞がぱらぱら

　支持組織は他の組織とは異なり，線維や基質とよばれる**細胞間質**が豊富で，細胞がその細胞間質に散在している**結合組織**や，血液・骨・軟骨など

が含まれます。ここでは主として，支持組織の代表としての結合組織の説明をしていきましょう（図8-7）。結合組織では細胞間質の量と性質によって，その組織の，ひいてはその器官のかたさや弾性が決まります。

🟢 細胞間質その1：線維

線維としては**コラーゲン線維（膠原線維）**と**弾性線維**の2つで，それぞれ**コラーゲン，エラスチン**というタンパク質でできています。

コラーゲン線維は白色で，引っ張りに対する抵抗力が強く，直径1 mm程度の線維でも10 kg以上の荷重に耐えることができます。しかもほとんど伸びません。

弾性線維は黄色みを帯びていて，ゴムひものようによく伸びます。大動脈壁にはこの弾性線維が豊富で，心臓から血液が拍出されると膨らんで一時的に血液をため，心臓の拡張期にその壁の弾性によってもとのサイズに戻ろうとして血液を末梢へと送ります（図8-8）。

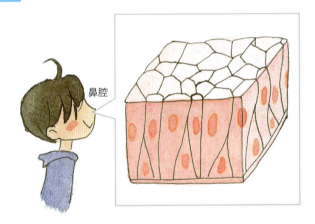

図8-5　多列上皮（代表：鼻腔）

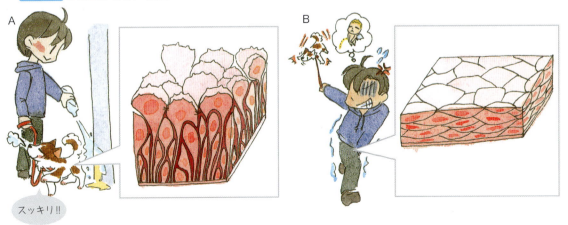

図8-6　移行上皮（代表：膀胱）

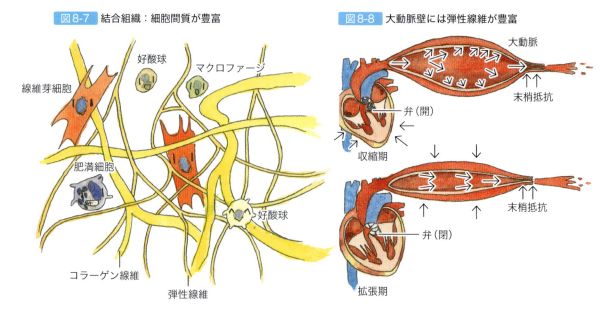

● 細胞間質その2：基質

基質は骨や軟骨にみられる無機物質で，骨では多量のリン酸カルシウム塩が，軟骨では主としてコンドロイチン硫酸が沈着しています。

● 細胞にはどんなものがある？

結合組織を構成する細胞としては，次のようなものがあげられます。

ⅰ）**線維芽細胞**：文字どおり，コラーゲン線維や弾性線維などのタンパク質の線維をつくり出す細胞です。

ⅱ）**脂肪細胞**（図4-3）：脂肪をためこむ細胞です。余分な栄養は脂肪に変換されてこの脂肪細胞に貯蔵され，必要に応じてエネルギー源として利用されます。脂肪細胞は特に皮下組織に多く，クッションの役割も果たしています★。

　さらに脂肪細胞は，**レプチン**とよばれるホルモンや，さまざまな生理活性物質（**サイトカイン**）を分泌することが最近わかってきました。脂肪が少なすぎ（やせ）てもレプチンの分泌が不足して体調に異常をきたしますが，多すぎ（肥満）てもサイトカインの影響で高血圧や動脈硬化などを引き起こしやすくなります。

ⅲ）**マクロファージ**（図8-9）：白血球の仲間ですが，大型で組織の中に潜んでおり，侵入してきた細菌などの異物や古くなった細胞，奇形の細胞を貪食★します。そしてどのようなものをとり込んだかの

★皮下脂肪の多い臀部をぶつけてもあまり痛くないのに対し，皮下脂肪がほとんどないスネ（弁慶の泣きどころ）をぶつけると飛び上がるほど痛いことからも，このクッションのありがたさがわかるでしょう。

★貪食：自分の中にとり込んで消化してしまう。

情報を細胞の表面に提示して（**抗原提示**），その情報に従ってリンパ球が抗体を産生します。リンパ球が集まっているリンパ節などのリンパ組織も，結合組織に分類されます。

iv）**肥満細胞**（図8-10）：細胞質に多量の顆粒を含んだ細胞です★。肥満細胞は化学的な刺激や機械的な刺激に応じて，この顆粒の中身，つまりヒスタミンを外に放出します。ヒスタミンは血管を拡張させたり（→**発赤**），血管の透過性を亢進させたり（血液中の水分を組織中に出やすくする→腫れる），白血球をよび集めることによって炎症を引き起こします。花粉症や蕁麻疹の症状は，このヒスタミンの作用によるものです。

結合組織には，これ以外にもいろいろな免疫系の細胞が存在しています。また，骨ではリン酸カルシウム塩を沈着させて骨を太くする**骨芽細胞**，逆に骨を溶かしてリン酸カルシウム塩を血液中に放出させる**破骨細胞**，軟骨組織では軟骨をつくり出す**軟骨細胞**が，結合組織の一員です。血液やリンパも広い意味での支持組織に含まれます。

★かつてはこの顆粒は組織が必要とする栄養成分であろうと考えられたため，肥満細胞という名前がつけられました。ところが後になって，この顆粒は主として**ヒスタミン**であることがわかりました。

図8-9　不要なものをとり込むマクロファージ

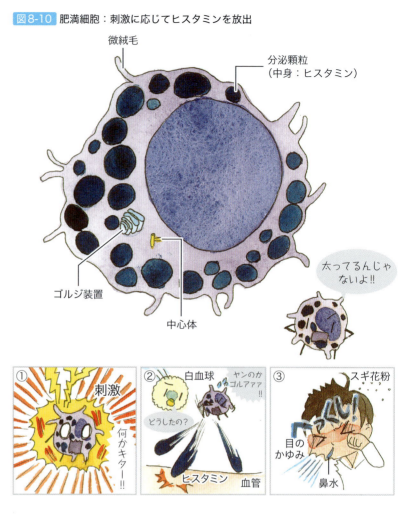

図8-10 肥満細胞：刺激に応じてヒスタミンを放出

3 筋組織

　文字どおり，筋肉によってできている組織です。筋には**骨格筋**，**心筋**，**平滑筋**の3種類がありますが，どれも収縮することによって身体に動きを与えます。

🟩 **骨格筋：骨を動かす**

　最もわかりやすいのが骨格筋で，骨格筋の末端は骨に付着し★，収縮することによって骨を動かして身体運動を引き起こします（図8-11）。

🟩 **心筋：心臓から血液を送り出す**

　心筋は心臓にだけ存在します。心臓は心筋によって構成された4つの袋（左右の心房と左右の心室）のようなもので（図8-12），心筋が収縮

★一部，顔面の表情筋のように皮膚に付着するものもあります。

することによって心室が収縮して中の血液を動脈に拍出します。

● **平滑筋：全身に分布してさまざまにはたらく**

平滑筋は全身に分布し，収縮することによってさまざまな仕事をしています。

血管壁の平滑筋が収縮すると，血管の径が小さくなって血流に対する抵抗が上昇して血圧が上がります。胃や腸の壁を構成する平滑筋は，律動的（リズミカル）に収縮することで内容物をこね回して消化を助けたり，口側から肛門側へと移送したりします。膀胱や子宮の壁を構成する平滑筋は，収縮することで中身（尿や胎児）を体外に排出します。虹彩の平滑筋（瞳孔括約筋と瞳孔散大筋）は収縮することによって瞳孔の径を変化させ，眼球内に入る光の量を調節しています（図8-13）。

4 神経組織

神経細胞体とそこから長く伸びる**軸索（神経線維）**によって構成される組織です。そして神経細胞の周囲の環境を一定に保ったり，栄養を与

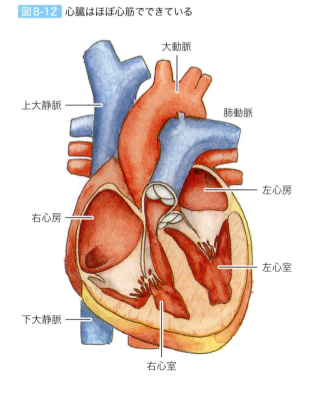

図8-11 骨格筋は身体運動を引き起こす

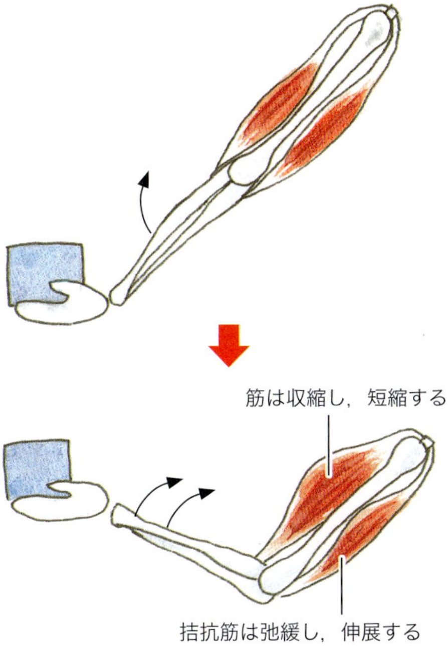

筋は収縮し，短縮する
拮抗筋は弛緩し，伸展する

図8-12 心臓はほぼ心筋でできている

大動脈
上大静脈
肺動脈
左心房
右心房
左心室
下大静脈
右心室

えたり，軸索の周囲をとり巻いて絶縁したり，といった神経細胞のお世話をする**神経膠細胞（グリア細胞）**も神経組織を構成する一員です（図8-14）。

● **中枢神経は司令塔，末梢神経は司令や情報を伝える**

脳と脊髄は**中枢神経**とよばれ，神経組織のかたまりのようなもので，すべての情報がここに伝わり，そしてすべての指令がここから発せられます。

図8-13 虹彩の平滑筋は瞳孔の大きさを変化させる

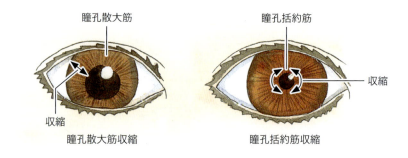

図8-14 神経組織

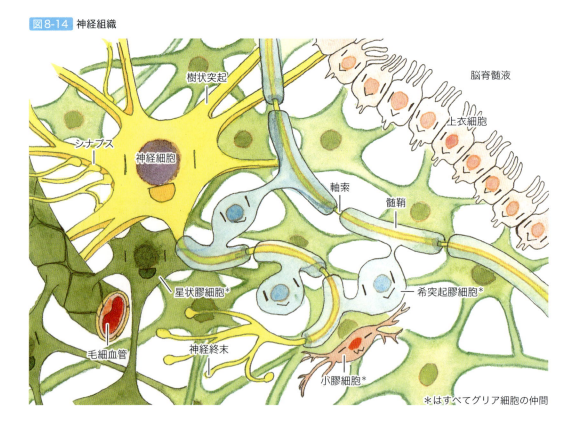

＊はすべてグリア細胞の仲間

脳や脊髄から出る**末梢神経**は，全身に張りめぐらされた情報ネットワークで，全身からの感覚情報★が集められて脳に送られます。また，中枢神経からの指令はこの末梢神経を通して，全身の筋，内臓，血管，汗腺などに送られ，身体運動を起こしたり，内臓の機能を調節したりします。

★これには，私たちが意識しない血圧の高低とか，酸素が十分にとり込まれているか，といった情報も含まれます。

② 器官

● 小腸を例にみていこう

図8-15は1つの器官である小腸の壁の構造を示したものです。どのような組織からなりたっているのかをみていきましょう。

図8-15 小腸の壁の構造

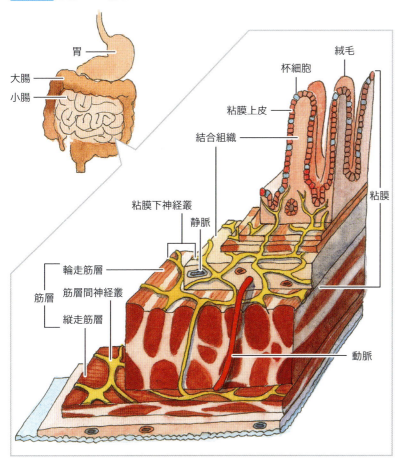

🟢 上皮組織：表面積を500倍にする工夫

内腔の表面をおおっているのが**上皮組織**です。小腸の場合は**単層円柱上皮**（図8-4参照）である**粘膜上皮**でおおわれています。小腸は栄養素を消化して吸収するのがその仕事ですから，粘膜上皮細胞の間に消化液（腸液）を分泌する**杯細胞**（さかずき）が混在しています。

また，栄養素を効率よく吸収するためには，表面積が大きいほうが有利です。このため，小腸の粘膜上皮細胞の内腔側の表面には**微絨毛**とよばれる微小な突起が多数突き出しています。

表面積を大きくする工夫はこれだけではありません。小腸の内腔面には多数のヒダ（**輪状ヒダ**）があります（図8-16）。そしてこのヒダの表面を顕微鏡で見てみると，**絨毛**とよばれる粘膜の突出がたくさんあります。そしてこの粘膜上皮表面から先ほど述べた微絨毛がでているのです。ちょうど山々が連なり（輪状ヒダ），その山々に多数の木（絨毛）が生えてお

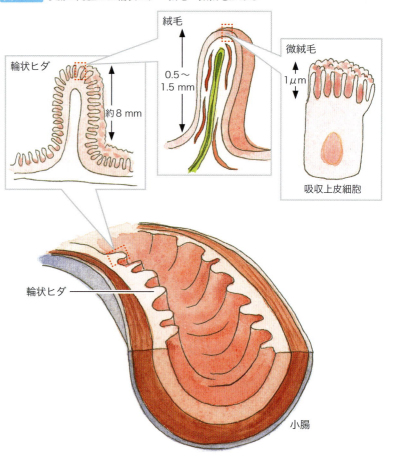

図8-16 小腸の内腔には輪状ヒダ→絨毛→微絨毛がある

り，そしてその木に多数の葉（微絨毛）がついているようなものです。

小腸は内径が約4 cm，長さが3 m★程度ですから，これを単純なパイプとみなせば表面積は0.4 m²足らずにすぎません。ところが輪状ヒダ，絨毛，微絨毛があるせいで，実際の表面積は200 m²にも達するのです。

⬢ 結合組織：栄養を運び，細菌から守る

粘膜上皮（上皮組織）の下には**結合組織**があります。

弾性線維や**コラーゲン線維**，それらをつくり出す**線維芽細胞**もありますが，多くの血管やリンパ管が分布して，吸収された栄養素を輸送する役割を果たしています。

また，腸管の特徴は，これも結合組織の一種であるリンパ組織（**リンパ小節**）が発達していることです。これは，腸管腔から細菌などが侵入してくるのを防ぐためです。敵の侵入を防ぐための兵隊が大勢待ち受けている陣地や検問所と考えればよいでしょう★。

⬢ 神経組織：分泌を調節

この結合組織の下層に神経組織が集まっている部分があります。これが**粘膜下神経叢（マイスナー神経叢）**で，消化液の分泌やホルモンの分泌★を調節しています。

⬢ 神経組織：腸管の動きを制御

粘膜の下には**筋組織**からなる筋層があります。内側（粘膜寄り）の平滑筋は，腸管の長軸とは直角方向，つまり腸管を取り囲む方向に走っているので**輪走筋層**とよばれます。そしてその外側には長軸方向に走る**縦走筋層**があります。

そして輪走筋層と縦走筋層との間にも，神経組織である**筋層間神経叢（アウエルバッハ神経叢）**があって，輪走筋と縦走筋の収縮を調節しています。この神経による調節のおかげで，輪走筋と縦走筋の協調した収縮が可能となって，腸管の内容物をこね回して消化を助けたり，口側から肛門側へと内容物を移送することができます。

さらに，腸管は自分の都合だけで消化・吸収の仕事をやっていればよいというわけではありません。リラックスしているときには腸管はがんばってはたらきますが，運動したり精神的に緊張しているときには，のんびりと消化をしている余裕がありませんので，腸管のはたらきは抑制

★身体の中では3 mくらいに縮まっていますが，引き伸ばせば10 m近くに達します。

★このリンパ組織の役割については，第10章でもう少し詳しく説明します。

★胃や腸からはさまざまなホルモンが分泌されています。

されます．このように，個体が置かれている状況にあわせて腸管のはたらき具合が調節されるわけですが，脳からのその指令は，腸管の外から**自律神経**によってもたらされます．

器官は4つの組織からできている

血管系も1つの器官で，小腸壁と同様に上皮組織，結合組織，筋組織，そして神経組織で構成されています．そして血管系は酸素や栄養素を全身の細胞に送り届け，細胞の代謝の結果として生じた二酸化炭素やさまざまな老廃物を洗い去るために，ほぼすべての器官に分布しますから，全身の器官はこの4つの組織全部があわさってできあがっているといえるでしょう．

③ 器官系

多くの器官で構成され，1つの仕事を完遂する**器官系**について，おおざっぱにみていきましょう．

1 循環器系

心臓と**血管**，そしてこれは支持組織として別に扱われることが多いのですが，その中を流れる**血液**で構成されています．循環器系の役割は，物質（栄養素や老廃物，酸素や二酸化炭素，そしてホルモンなど）や白血球の輸送です．

栄養を受けとり，老廃物を捨てるという循環

心臓は血液を拍出するポンプですが，左心と右心という2つのポンプが合体したものであると理解してください．そして左右の心臓はともに心室というメインのポンプと，心房という心室に血液を充填するためのブースターポンプからなっています．

左心室は全身に向かって血液を拍出します．そして血液は動脈を通って全身の臓器・組織に向かって流れ，酸素や栄養素を送り届けます．そして代謝の結果生じた二酸化炭素や老廃物を受けとって，静脈を通して右心房に戻ってきます．これが**体循環**または**大循環**とよばれます（図8-17）．

右心房に戻ってきた静脈血は，右心室から肺動脈を通して肺に拍出されます．これが**肺循環**または**小循環**です．肺で二酸化炭素を捨て，酸素を受けとった血液は肺静脈を通って左心房に戻り，そして再び体循環を流れます（図8-17）．

　体循環では，消化器系を流れた血液は栄養素を受けとり，腎臓を流れた血液は老廃物を捨てることができます．

図8-17 体循環と肺循環

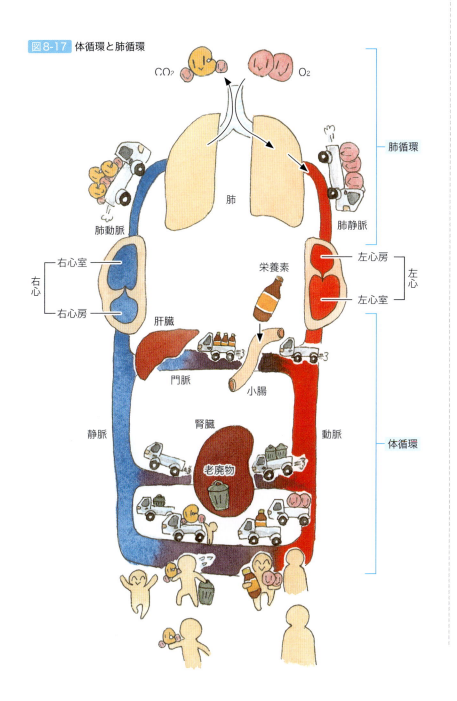

図8-18 血液の成分

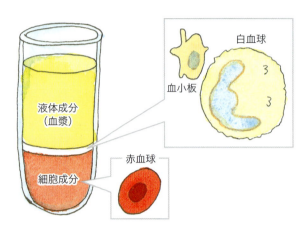

図8-19 肺胞

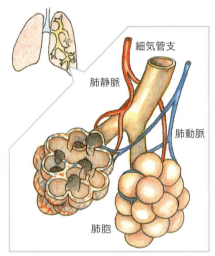

● 血液の中身は？

血液はその容積の約55％を占める液体成分（これを**血漿**(けっしょう)といいます）と，容積の約45％を占める細胞成分からなります（図8-18）。

液体成分（血漿）は大部分が水で，これに各種イオンの他にもグルコースやタンパク質，さまざまな代謝産物などが溶けています。

細胞成分の大部分は赤血球で，この赤血球が酸素を結合して運搬します。数は赤血球よりもずっと少ないのですが，何種類かの白血球もあります。白血球の役割は生体防御です★。また血小板という細胞のかけらもあり，これは出血に際して血液を固まらせる（**凝固**）仕事をしています。

★第10章で説明します。

2 呼吸器系

文字どおり，呼吸のためにはたらく器官系で，鼻腔からはじまって喉頭，気管，気管支，そして肺で構成されます。気管支は肺に入ると何度も枝分かれして細くなり，最終的に**肺胞**というきわめて壁の薄い袋となって終わります（図8-19）。この肺胞において，吸い込まれた空気から酸素が拡散によって血液中に取り込まれ，二酸化炭素は逆にやはり拡散によって血液から肺胞へ出て（図3-9），吐く息とともに外界に捨てられます。

喉頭には**声帯**とよばれる筋肉の帯があり，息を吐くときにこの声帯を振動させることによって声をつくり出すことができます。

3 消化器系

栄養素の消化・吸収のためにはたらく器官系で，**口腔**から**食道**，**胃**，**小腸**，**大腸**，**肛門**へと続く消化管と，**唾液腺**や**膵臓**など消化液を分泌する腺，そして体内の大化学工場ともいえる**肝臓**で構成されています（図8-20）。

食べたものは唾液腺や膵臓，そして胃や腸から分泌される消化酵素を含む消化液によって分解され，吸収できる形にまで消化されます。胃や腸の運動も，内容物を混和することによって消化を助けます。

吸収された栄養素は，**門脈**という血管（図8-17）を通して肝臓に送られ，ここで私たち自身のタンパク質やグリコーゲンに合成されたり，ホルモンなどはここで分解されたり，そして栄養素と一緒に吸収された毒素は解毒★を受けたりします。

★解毒：毒性をなくすこと。

図8-20 消化器系

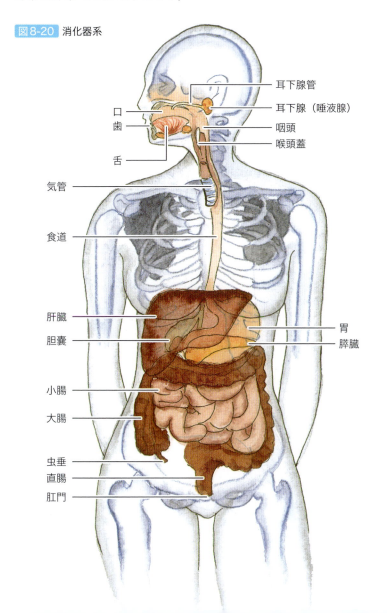

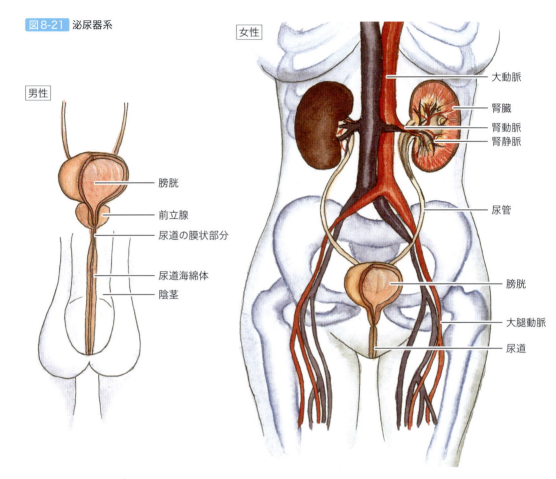

図8-21 泌尿器系

4 泌尿器系

　老廃物や，余分な水や電解質を尿として体外に排泄するための器官系です。尿をつくる**腎臓**，つくられた尿を送る**尿管**，尿を一時的に貯蔵する**膀胱**，そして排泄路である**尿道**からなっています（図8-21）。

　腎臓は尿をつくることによって老廃物を捨てるだけでなく，捨てる水の量や尿の組成を変化させることによって，血圧の調節，体液の浸透圧の調節，そして体液のpHの調節など，きわめて重要な仕事をしています★。

★第9章⑤，⑥で解説します。

5 神経系

　脳と脊髄からなる**中枢神経系**と，脳や脊髄から出て全身の臓器・組織に張り巡らされる**末梢神経系**からなっています（図8-22）。

　神経系の役割は，情報の伝達です。脳の中の神経回路には絶えず情報が流れており，これによって私たちは考えたり，記憶したり，感情をもっ

たりすることができます。そればかりでなく，脳や脊髄からの指令は，運動神経とよばれる末梢神経を介して骨格筋の収縮を引き起こします。逆に全身の感覚器からの情報は，感覚神経を介して脳や脊髄に伝えられて，私たちは外界の変化のみならず，空腹感や尿意など体内の変化を感知することができるのです。

　内臓のはたらきを調節したり，血管の収縮状態，汗腺のはたらきなどを不随意に（意識的ではなく）調節する末梢神経は，**自律神経**とよばれます。

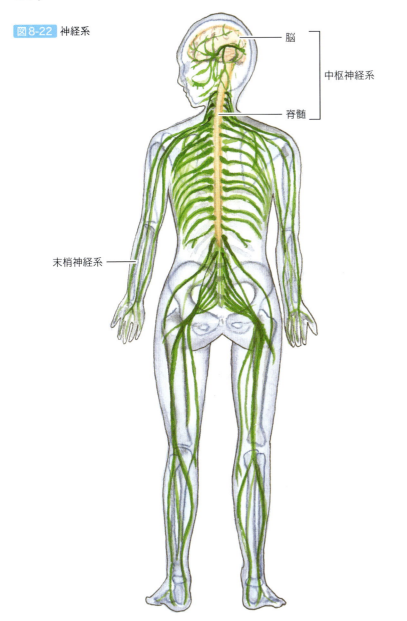

図8-22 神経系

6 感覚器系

　頭部にある，特殊に分化した感覚器によって，外界の変化を脳に伝えるための器官系のことを指します。鼻粘膜で感知する**嗅覚**，目による**視覚**，耳で感じとる**聴覚**と**平衡覚**，そして舌で感じる**味覚**の5つがあります。

　しかしこれだけではなく，皮膚には**触覚**や**痛覚**，**温覚**と**冷覚**などの**感覚受容器**がありますし，私たちの意識にのぼることはあまりありませんが，血圧の高低や酸素が十分に取り込まれているか，などを感知する感覚受容器も全身に分布しています。

7 内分泌系

　ホルモンを分泌する器官系です。ホルモンは内分泌腺で合成され，血液中に放出されます。そして血流に乗って全身を巡り，そのホルモンに対する受容器をもつ組織，つまりそのホルモンに対して感受性のある組織に効果を発揮します。

　身体の成長を促したり（**成長ホルモン**や**甲状腺ホルモン**），性成熟を引き起こしたり（**性ホルモン**）するばかりでなく，内臓の諸機能を調節するさまざまなホルモンがあります。図8-23に代表的な内分泌腺を示しますが，これ以外にも胃や腸，心臓や腎臓からもホルモンが分泌されています。

8 生殖器系

　生命維持のためには全く必要がなく，全部摘出してしまっても生きていくためには何の支障もありません。ただし，子孫を残すためには必須の器官系です。

　男女でその構造が大きく異なるのが特徴で，女性では**膣**，**子宮**，そして卵が成熟する場である**卵巣**からなり，男性では**陰茎**，**前立腺**や**精囊**（せいのう）などの精液を分泌する腺，そして精子をつくる**精巣**からなっています（図8-24）。なお，男性の尿道は，尿が通る泌尿器と，精液が通る生殖器の兼用となっています。

9 運動器系

骨格筋と**骨格**からなっています。

脳からの運動指令が運動神経を通して伝えられると，骨格筋が収縮します。骨格筋の末端は骨に付着しているため，骨格筋が収縮することによって骨が動き，これによって頭をかいたり，歩いたりといった身体運動を生じます（図8-11）。

骨はこのように運動を引き起こすだけではなく，身体を支えたり，内臓を保護したりするほか，骨の中心部分の骨髄は赤血球や白血球など血液の細胞成分を産生する場所であり，さらにカルシウムの貯蔵場所としてもたいへん重要です。

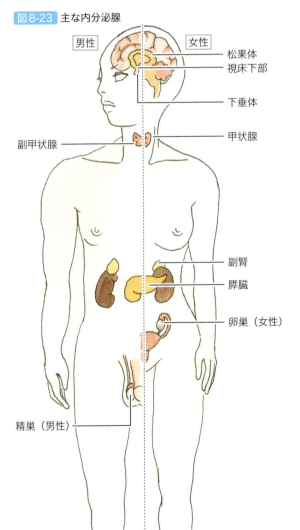

図8-23 主な内分泌腺

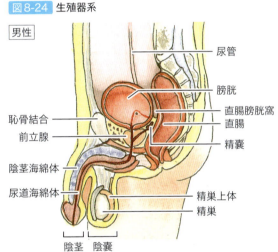

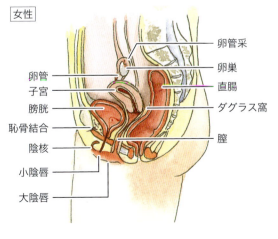

図8-24 生殖器系

知っ得！まめ知識 8

がんと腫瘍の関係

　特定の細胞が自律的に，つまり勝手に増殖してしまうものを腫瘍といいます。そして増殖が発生部位にとどまるのが良性腫瘍です。タコ（胼胝）やウオノメ（鶏眼）も皮膚の機械的刺激による一種の良性腫瘍といえるでしょう。一方，発生部位を越えてどんどん広がったり，転移を起こして別の場所でも増殖しはじめてしまうのが悪性腫瘍です。悪性腫瘍にはがんと肉腫があります。

　ところで，例えば胃癌といっても胃全体ががんになるわけではありません。胃の内面をおおう上皮細胞（胃の場合は単層円柱上皮）ががん化するのです。そして壁の内側から筋層のほうへと浸潤していきます。さらにリンパの流れに乗って他の臓器へと転移を起こしてしまいます。肺癌や肝臓癌でも同じことで，がんとよばれる悪性腫瘍はすべて上皮細胞の悪性腫瘍です。

　結合組織や筋細胞など，上皮以外の細胞に由来する悪性腫瘍は肉腫とよばれます。がんに較べて頻度ははるかに少ないのですが，骨肉腫や脂肪肉腫，筋肉腫など，悪性度の高い腫瘍です。

　ところで，「癌」と書いたり「がん」と書いたりしていますが，医学分野では特定のがん，例えば胃癌とか扁平上皮癌の場合は漢字を使い，一般的な意味でのがん，例えばがん検診，がん細胞，などではひらがなを使うことになっています。

章末クイズ

正しい文章には○を，誤った文章には×をつけなさい。

❶ 小腸の内腔は重層扁平上皮でおおわれている。　□
❷ 平滑筋細胞は結合組織の構成要素の1つである。　□
❸ 神経膠細胞（グリア細胞）は神経組織の一員である。　□
❹ 小腸壁は上皮組織，支持組織，筋組織，神経組織のすべての組織により構成される。　□
❺ 生殖器系は全部を摘出すると生命維持ができなくなる。　□

解答は206ページ

ホメオスタシス

　ここまで，私たちの身体がどのようにかたちづくられているのかを，元素から分子，そして細胞から器官系へと概観してきました。器官系が，消化や呼吸，情報の伝達，等々の仕事をこなし，全身の細胞がさまざまな化学反応（代謝）を円滑に進めることで，私たちは生命を維持しています。

　しかし，私たちが住み暮らしているこの世界の環境は，一定不変のものではありません。暑い日もあれば寒い日もあります。また，私たち自身も運動したり眠ったりとさまざまな活動をします。さらに，私たちはエネルギー源補給のために絶えず食事を続けているわけではなく，エネルギー供給が途絶える期間（昼食と夕食の間など）があります。このような外界の環境・身体の状況の変化があっても，私たちの体内で行われる代謝は常に円滑に進められる必要があります。このためには，外界の環境・身体の状況の変化があっても，体内の環境は狭い範囲で一定に保たれる必要があります。

体内環境が一定に保たれることを**ホメオスタシス**，日本語では**生体恒常性**といい，いろいろなメカニズムが協調してはたらくことによって，これが維持されています。ホメオスタシスが維持できなくなった状態が，病気（疾患）であるといえるでしょう。この章では，代表的な例をあげてホメオスタシスのメカニズムを説明します。

① ホメオスタシスの維持機構

🟧 活躍するのは自律神経とホルモン

ホメオスタシスのためにはたらいているのは，**自律神経**と，多数の内分泌腺から放出される各種の**ホルモン**です。もちろん，この2つはホメオスタシスのためだけにはたらいているわけではなく，運動や食事などに応じて呼吸の速さや心臓の拍動頻度を変えたり，腸管の運動や消化液の分泌を変化させたりなど，ダイナミックな調節も行っています。

🟧 自律神経：逆の司令を出す2系統

自律神経には**交感神経**と**副交感神経**の2系統があって，両者は通常は逆向きの指令を発します（図9-1）。交感神経は精神的に興奮したり，運動をしたりするようなときに強くはたらきます。一方の副交感神経はリラックスしたときにはたらきが強くなります。

例えば交感神経がはたらくと，心臓の拍動が促進されて心臓は力強く，そして速く拍動するようになります。一方で副交感神経は，心臓の拍動を弱めて，心拍もゆっくりしたものにします。消化管の運動や消化液の分泌は副交感神経によって促進され，交感神経によって抑制されます。

つまり，内臓のはたらき具合は交感神経からの指令と副交感神経からの指令のバランスによって決まります。主として自律神経によってホメオスタシスが維持されている例が，次の②の体温と，③の血圧です。

🟧 ホルモン：物質の量や濃度を調節

自律神経は，心筋や消化管などの平滑筋を刺激して収縮状態を調節することができますし，消化液などを分泌する腺を刺激して分泌の量を変化させることもできます。しかし，血液中を流れている物質の量や濃度

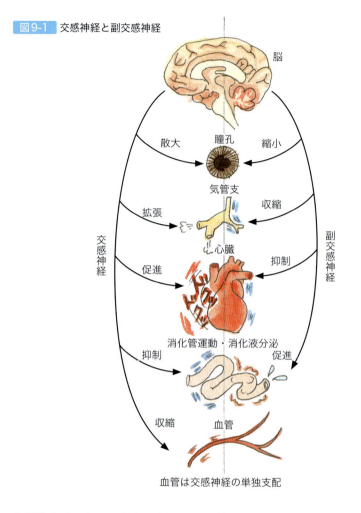

図9-1 交感神経と副交感神経

血管は交感神経の単独支配

を調節することはできません。これを行っているのがホルモンです。

　主としてホルモンによってホメオスタシスが維持されている例が、④の血糖値と、⑤の体液の量や電解質の濃度です。血糖値は自律神経の場合と同じように逆向きの指令を出す2種類のホルモンのバランスで調節されているのに対し、体液の調節は2種類のホルモンの共同作業によって行われています。

② 体温

　ホメオスタシスの大切さを実感していただく例としてあげるには「体温」がベストでしょう。というのは、風邪をひいたりして発熱し、体温

が1℃上がって38℃になっただけでもいかに気分が悪いか，これはほとんどすべての方々が経験して知っていると思うからです。ふだんは意識しませんが，体温が常にほぼ一定に保たれていることは，それほど大切なことなのです。

🔶 カギは酵素のはたらき

ではなぜ，体温が一定でないといけないのでしょう。

私たちの身体のなかではさまざまな化学反応（代謝）が進行していますが，その化学反応を迅速に進めることができるのは，人体内に存在する6000種類以上にも及ぶ酵素のおかげです★。そしてこれらの酵素のはたらき（**活性**といいます）が最大になるのが37℃なのです。

体温が1℃上がって38℃になっただけでも，酵素の活性がわずかですが低下し，それによって代謝が円滑に進まなくなり，私たちはそれを「気分の悪さ」として感じとるのです★。

🔶 寒いとふるえ，暑いと汗をかくわけ

私たちは恒温動物で，外界の気温によらず体温を一定に保つことができます。体温を一定に保つためには，体内で産生される熱の量と，身体から外界へと逃げていく熱の量（熱の放散）のバランスをとって，等しくする必要があります。

気温が低くて寒いときには，ふるえを起こして熱の産生を増やすとともに，皮膚血管を収縮させて，冷たい外気に接している皮膚に温かい血液があまり流れないようにして熱の放散を減らします。

逆に外気温が高いときには，皮膚血管を拡張させて，通常は体温より温度が低い外気への熱の放散を増加させるとともに，発汗を引き起こして気化熱★による熱の放散を増加させます。

🔶 司令塔は脳に

このような体温の調節のための指令を発しているのは，脳の中の**視床下部**（図9-2）にある体温調節中枢です。

この体温調節中枢には，セットポイントとよばれる，エアコンの設定温度のようなものがあります。そのセットされた温度に体温を保つように，自律神経によって全身の皮膚血管や汗腺の機能を調節し，そして私たちの行動まで変化させるのです。暑いとうちわであおいだり，寒いと

★酵素については第4章②-4で説明しましたね。

★外界の気温によって体温が上下してしまうトカゲやカエルなどの変温動物は，1年365日，毎日体温が上がったり下がったりしてあの「気分の悪さ」を体験しているのかと思うと，心から同情したくなりますね。

あちち!! もう超具合悪い!!

シャベルカナヘビ（アンチエタヒラタカナヘビ）彼が住むナミブ砂漠は1日40℃以上〜氷点下

★気化熱：水が蒸発するときに熱が奪われます。

厚着をしたりするのも，もとはといえばこの体温調節中枢からの指令によるのです（図9-3）。

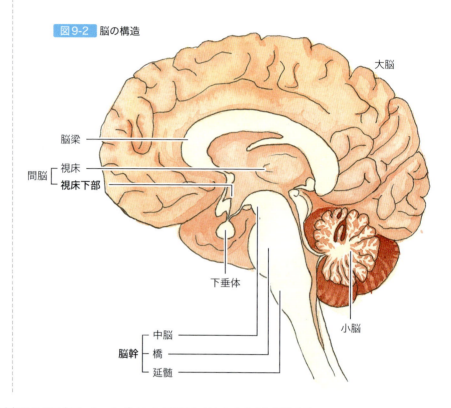

図9-2 脳の構造

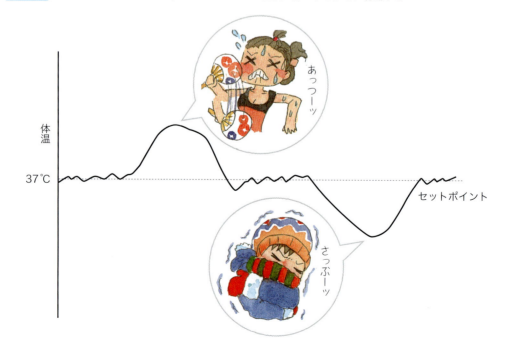

図9-3 体温調節中枢からの司令で，セットポイントの温度に保たれるように行動する

③ 血圧

　運動したり，精神的に興奮したりすると血圧は上がり，眠れば下がります。また，ふだんから血圧の高い人（高血圧）や低い人（低血圧）もいます。しかし，安静にしているときの血圧はその人なりに，つまり高血圧の人なら高いなりに，ほぼ一定のレベルに保たれています。このような血圧の調節は，主として**自律神経**によって行われます。

● 血圧の感知は動脈壁のセンサー

　血圧が上がった場合を例にとって説明していきましょう。まず，血圧のレベルを感知するセンサーが必要です。**圧受容器**とよばれるこのセンサーは，左心室から拍出された血液が最初に流れる太い動脈（大動脈）と，脳に血液を送る頸動脈の**頸動脈洞**という部分にあります（図9-4）。この部分の動脈壁に，伸展されると興奮して活動電位を発生してその情報を脳に伝えるセンサーがあるのです。

図9-4　血圧のセンサーは大動脈と頸動脈洞にある

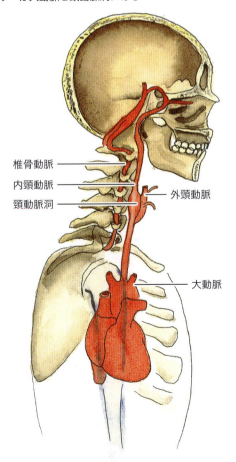

センサーの興奮は脳へ

血圧が上がれば、動脈が膨らんで壁が伸展されますから、このセンサーが興奮するわけです。この興奮は神経を通って脳の**脳幹**という部分に伝えられます（図9-2）。そうすると、ここから血圧を下げる指令が発せられます。

その1つの経路が副交感神経で（図9-1参照）、この神経によって心臓の拍動が抑制されて、血液の拍出が減少して血圧を下げます。同時に交感神経が抑制されることによって血管が拡張し、血流に対する抵抗を下げて、これも血圧を低下させます。

血圧に影響を与えるホルモンも存在しますが、安静時の血圧の微調整のためにはたらいている主役はあくまでも自律神経です。

起こった変化を打ち消す調節

ここまでみてきたように、起こった変化（血圧の上昇）に対してその変化を打ち消す（血圧を低下させる）指令が出されるので、このような調節のしかたを**負のフィードバック**とよびます（図9-5）。この負のフィードバックによって、血圧に限らずきわめて多くの体内環境が、最適のレベルに維持されるよう調整されているのです。

図9-5　負のフィードバックによる血圧の調節

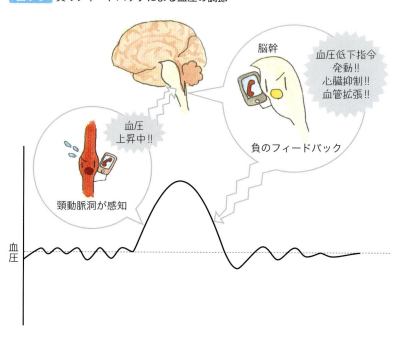

④ 血糖値

🟧 低すぎても高すぎてもよくない

　血液中のグルコースの濃度のことを**血糖値**といいます。グルコースはあらゆる細胞のエネルギー源となりますから，ある程度の血糖値が維持されることは，細胞がその機能を維持していくためにはとても大切なことです。

　しかし，血糖値が高すぎるのも問題です。そもそもグルコースは老化の原因物質であろうと考えられているほどで★，高すぎる血糖値は微小血管や末梢神経に傷害を与える原因となります。血糖値が上がりすぎてしまうようになる病気，それが**糖尿病**です。

★205ページまめ知識11参照。

🟧 上がったときにはインスリンが活躍

　血糖値は膵臓（図9-6）から分泌される2種類のホルモン，**インスリン**と**グルカゴン**によって調節されています。

図9-6 膵臓からインスリンとグルカゴンが分泌される

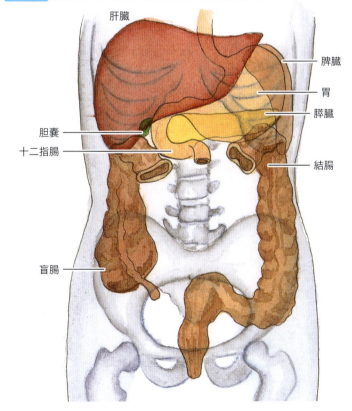

ご飯やパン，パスタなどを食事として食べますと，これらは糖質（炭水化物）ですから，消化されてグルコースとして吸収され，血糖値が上昇します。血糖値が上昇すると，膵臓からのインスリン分泌が増加します。

インスリンは肝細胞，筋細胞，脂肪細胞にグルコースをとり込ませることで血糖値を下げます。肝細胞と筋細胞はとり込んだグルコースをつなぎ合わせてグリコーゲン（図2-6）を合成して貯蔵します。脂肪細胞ではグルコースから脂肪を合成し，脂肪滴としてこれも貯蔵します。

🟠 下がったときはグルカゴンの出番

食事をしてから時間が経つと，腸から吸収されるグルコースがなくなってきますから，血糖値はしだいに低下してくることになります。そうすると，膵臓から今度はグルカゴンが分泌されます。

グルカゴンは，肝細胞にはたらきかけて貯蔵していたグリコーゲンを分解させて，再びグルコースとして血液中に放出させます。これによって血糖値が下がりすぎるのを防いでいます。

🟠 2つのホルモンのバランスが大切

このようにして2つのホルモンの作用によって，血糖値が上がりすぎたり，下がりすぎたりしないように調節されています（図9-7）。前述の糖尿病は，インスリンの分泌が低下してしまうために起こる病気です。

図9-7 インスリンとグルカゴンによる血糖値の調節

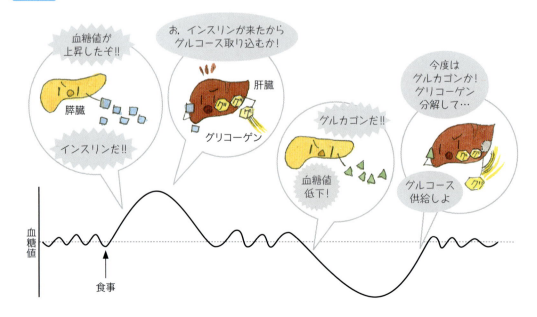

⑤ 水と電解質，浸透圧

🟧 のどの渇きは血液の浸透圧のせい

長時間にわたって水を飲めなかった場合を考えてみましょう。当然，のどが渇きます。これは，水が不足したために血液が濃縮されて塩分濃度が上昇し，血液の浸透圧★が上昇するためです。

★第3章⑤参照。

血液の浸透圧を監視しているのは，先ほど出てきた体温調節中枢がある視床下部（図9-2）で，ここに飲水中枢があって，血液の浸透圧が上昇するとのどの渇き（渇感）を生じさせて私たちを水を飲む行動に駆り立てるのです。

🟧 水が足りないと尿量を減らす

それと同時に，視床下部にある神経細胞はその軸索を**下垂体**という内分泌腺（図8-23，図9-2）に伸ばしており，そこから**抗利尿ホルモン**★を分泌します。

★バソプレシンともいいます。

この抗利尿ホルモンは腎臓にはたらきかけて，水の再吸収を増やします。体内に水が不足しているのですから，尿として水を捨ててしまうのはもったいない，というわけです（図9-8）。実際，しばらく水を飲まないでいると尿の量が減り，濃縮されて黄色みの濃い尿が出ることは皆さんも経験していることでしょう。

逆に水分をたくさんとると尿量が増えますが，これは浸透圧が下がって抗利尿ホルモンの分泌が減るからです。

図9-8 水分が不足すると，抗利尿ホルモンが腎臓での水の再吸収を増やす

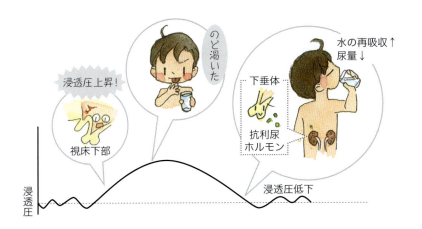

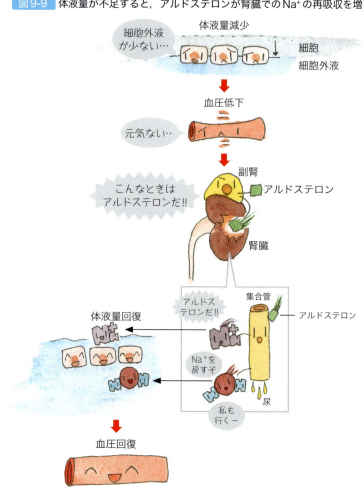

図9-9 体液量が不足すると,アルドステロンが腎臓でのNa⁺の再吸収を増やす

体液が足りないとNa⁺を再吸収

　体液の量,これは**電解質コルチコイド**（**アルドステロン**がその代表）というホルモンによって調節されています。

　体液の量が減少すると,それに伴って血液の量も減少します。血液量が減少すると血圧が低下します。これが刺激となって副腎（図8-23）からアルドステロンが分泌され,腎臓にはたらきかけてNa⁺の再吸収を増やします。再吸収されたNa⁺が間質に増えますので,間質の浸透圧が上昇し,結果的に水も受動的に再吸収されます（図9-9）。このようにして,体液量が回復します。

　抗利尿ホルモンとアルドステロンは協力して,ちょうどよい浸透圧の体液が必要十分なだけ体内に維持されるようにはたらいているわけです。

酸塩基平衡

🟠 身体のpHも一定！

私たちの体液（細胞外液）のpHは，7.40±0.05という狭い範囲で一定に保たれています。

このように狭い範囲でpHが一定に保たれている理由は，体温の場合と同様に，私たちがもっている酵素の活性が最大となるのがpH7.4だからです。

🟠 活躍するのはCO_2

図9-10を見てください。コップに水（蒸留水）を入れ，そこに塩酸（HCl）を加えてみましょう。もちろん，量と濃度にもよりますが，塩酸は強い酸ですから，コップの水は酸性になります。

図9-10 緩衝作用はpHの変化を少なくする

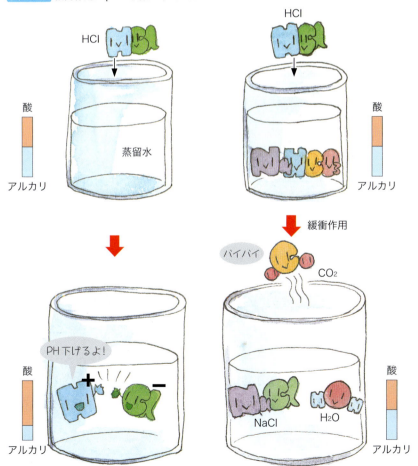

ところが，コップの水に炭酸水素ナトリウム（NaHCO₃）を加えておくとどうなるでしょう。

$NaHCO_3 + HCl \rightarrow Na^+ + HCO_3^- + H^+ + Cl^-$

$\rightarrow NaCl + H_2O + CO_2$

となり，CO_2は空気中に抜けていきますから，結局，単なる塩水となり，pHの変化はなくなります。このようなpH変化を少なくする作用を**緩衝作用**といい，この例は**炭酸・重炭酸緩衝系**とよばれます。

つまり，pHを一定に保つために重要な役割を担っているのは，意外なことに二酸化炭素（CO_2）なのです。CO_2はATP産生の過程で発生し，呼吸によって体外に捨てられることは前に説明しました★。しかし，CO_2は単なる老廃物なのではなく，pHの変化を少なくするための役割を果たしているのです。

★第4章⑤参照。

● CO_2が多い→pH低下，HCO_3^-が多い→pH上昇

CO_2は赤血球の中で，炭酸脱水酵素という酵素の作用によって水と反応して炭酸になります。つまり，

$CO_2 + H_2O \rightarrow H_2CO_3$

そしてこの炭酸は重炭酸イオンと水素イオンに容易に電離します。つまり，

$H_2CO_3 \rightarrow HCO_3^- + H^+$

となり，まとめて書くと，

$CO_2 + H_2O \rightarrow H_2CO_3 \rightarrow HCO_3^- + H^+$

となりますが，この反応はどちら向きにも進みます。しつこいようですが，

$CO_2 + H_2O \rightleftarrows H_2CO_3 \rightleftarrows HCO_3^- + H^+$ … ❶

となり，CO_2がたくさんあれば反応は右向きに進み，CO_2が肺から呼出されて少なくなれば反応は左向きに進みます。

ここで一番右側にH^+があることに注目してください。**反応が右向きに進めばH^+がどんどん産生されてpHは低下し，反応が左向きに進めばH^+が消費されてpHが上昇していくことになります。**

もう少し正確にいうと，CO_2とHCO_3^-のバランスによって反応が右に進むか，左に進むかが決まります★。

★反応がどちらに進むか，を考える際にはH_2OやH^+のことは考慮に入れなくて結構です。なぜならH_2Oは無尽蔵に近く豊富にあり，一方でH^+はnM（ナノモル）のオーダーで，mMオーダーのHCO_3^-に比べてはるかに少ないからです（27ページまめ知識1参照）。

CO$_2$の量を調節しているのが，前にも述べましたが呼吸です。一方のHCO$_3^-$の量を調節しているのは，腎臓による尿の生成です。この両者がpHの調節では中心的な役割を果たします。

🟠 体液のpHの変化は呼吸で調節

　体内で過剰な酸が産生された場合や下痢をくり返した場合★，血液が酸性に傾いてしまいます。これを**代謝性アシドーシス**といいます。過剰なH$^+$ができてしまったのですから，反応❶を左に進めてH$^+$を処理する必要があります。このためにはCO$_2$濃度を下げればよいわけで，呼吸を促進してCO$_2$の呼出を増やして，pHの変化を最少に抑えます（図9-11）。

★代謝産物の大部分が酸性です。また，下痢によって，アルカリ性の腸液を失うと残った体液は酸性になります。

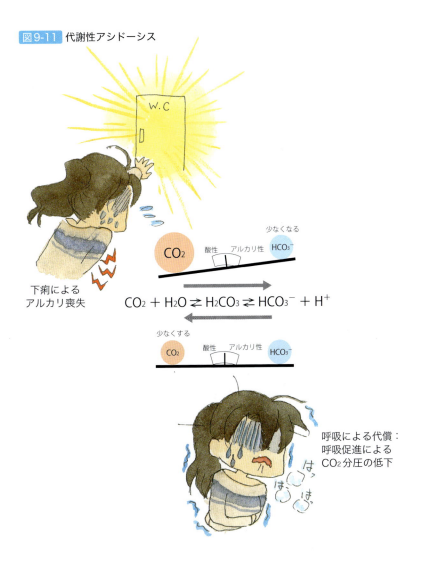

図9-11 代謝性アシドーシス

図9-12 代謝性アルカローシス

逆に嘔吐をくり返した場合などは酸性の胃液を失いますから，体液はアルカリ性に傾きます。これが**代謝性アルカローシス**です。この場合はH^+をたくさんつくるために，反応を右向きに進めようとして呼吸が抑制されてCO_2濃度が上昇します（図9-12）。

このような呼吸によるpHの調節を，**呼吸性代償**といいます。

🟧 呼吸によるpHの変化は腎臓で調節

一方で，呼吸が障害された場合はどうでしょうか。肺炎などで十分な換気ができないと，CO_2の呼出が減りますから体内にCO_2がたまって反応が右向きに進み，H^+が発生してpHが低下します。これが**呼吸性アシドーシス**です。この場合は腎臓がHCO_3^-の再吸収を増やして，反応が右向きに進むのを阻みます（図9-13）。

逆に呼吸をしすぎた場合★，過剰な呼吸によってCO_2が多く呼出されてしまいますので，反応が左向きに進んで体液はアルカリ性になります。これが**呼吸性アルカローシス**です。このときは，CO_2の低下につり合う

★運動後に息苦しいような気分になって呼吸をしすぎてしまう過換気症候群，あるいは4000m級の高山に登ると空気中の酸素が少なくなりますので，呼吸をしすぎることになります。

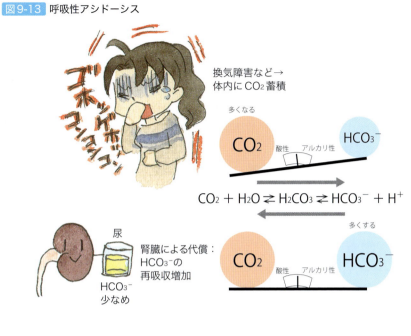

図9-13 呼吸性アシドーシス

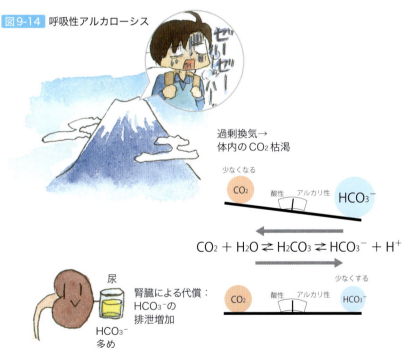

図9-14 呼吸性アルカローシス

ように，腎臓はHCO$_3^-$の尿中への排泄を増やして，血中HCO$_3^-$濃度を低下させます（図9-14）。

このような腎臓によるpHの調節を**腎性代償**とよびます。

知っ得！まめ知識 9

身体の熱

　体温は通常は37℃前後に一定に保たれていますが，風邪をひいたりすると熱が出ることがあります。これが発熱です。これは，細菌の体の成分が発熱物質としてはたらいて，体温調節中枢の設定温度を上昇させてしまうからです。体温が設定温度に一致するよう，私たちの身体が積極的に体温を上昇させているのです。解熱剤（熱さまし）は体温調節中枢の設定温度を低下させることによって熱を下げます。

　発熱とよく似ていますが，全く違うのがうつ熱（熱中症がその代表）です。熱放散が十分にできず，体温が上がってしまった状態です。つまり，エアコンの設定温度は変えていないのに，外気温が高すぎてエアコンが設定温度まで室温を下げられなくなっているようなものです。発熱とは異なり，体温は無制限に上昇しますから，命にかかわります。

　この場合，体温調節中枢の設定温度は上昇していませんから，解熱剤は無効です。水分補給はもちろんですが，エアコンで室温を下げたり（こちらは体温調節中枢のたとえではなく，実際のエアコンです），ぬれた布をかけて風を送るなどして，物理的に冷却する必要があります。

章末クイズ

正しい文章には○を，誤った文章には×をつけなさい。

❶ ホメオスタシスとは血液が絶え間なく全身を循環していることを指す。　□
❷ ホメオスタシスのためにはたらく主役は自律神経とホルモンである。　□
❸ 血圧が高いか低いかは感知することができないので，これを調節することは不可能である。　□
❹ 血糖値はホルモンのみによって調節される。　□
❺ 体液のpH調節には肺と腎臓が大きな役割を果たす。　□

解答は206ページ

第10章

生体防御機構と免疫

　私たちはこの世界に住み暮らしているわけで，外界からさまざまな影響を受けています。気温については第9章でもちょっと触れましたが，そのような物理的な環境だけではなく，生物学的な環境も問題になります。特に重要なのが，ウイルスや細菌などの微生物です。大部分の微生物は私たちに何の害も及ぼさないのですが，私たちに病気を引き起こす微生物（これを病原微生物といいます）も少なくありません。これらの病原微生物の体内への侵入を防ぎ，もし侵入されてしまった場合はそれに対抗して戦うメカニズムが，私たちの身体には備わっています。

　外敵ばかりではありません。私たちの体内では絶えず細胞分裂が起こっているのですが，細胞分裂に失敗して奇形の細胞が生まれてしまうことがあります。奇形のなかでも怖いのが，がん細胞です。私たちの体内では1日に何と3000～6000個ものがん細胞が生まれていると見積もられています。それでも私たちはなかなかがんにならずに元気にしていられるのは，奇形細胞を早く見つけてとり除くことができるからです。このように，内なる敵に対しても防御メカニズムがはたらいてくれます。この章では生体防御機構の概要を説明しましょう。

私たちがもつ防御機構は，非特異的なものと，特異的なものに分けることができます。

　非特異的な防御機構とは，特定の相手を想定せずに，外敵が体内に侵入しないようにすること，そして侵入してしまった病原微生物に対して1対1で対応して相手をやっつける，いわば肉弾戦をしかけるやりかたです。

　一方の特異的防御ですが，これは特定の相手を殺滅する抗体というタンパク質を，産生・放出するやりかたです。ミサイルを射ちまくるようなもので，非常に効率よく相手をやっつけることができます。

　しかし，肉弾戦をバカにしてはいけません。ミサイル（抗体）をつくるには約1週間かかりますので，その間の防御というか，時間稼ぎが必要なのです。つまり私たちの防御は，侵入防止・肉弾戦・ミサイル発射の3段構えになっているといえるでしょう。

① 非特異的生体防御機構

1 病原微生物の侵入を防ぐ

● 皮膚

　皮膚は，最も広く外界に接している部分です。皮膚は図10-1のような構造になっています。表面の部分を**表皮**とよび，表皮の下には**真皮**があります。

　表皮は大部分が**ケラチン細胞**とよばれる細胞の重層扁平上皮でできています（図8-2参照）。ケラチン細胞は，表皮の最下層にある基底細胞の細胞分裂によって生まれ，古い細胞は新しく生まれた細胞によって上へ上へと押し上げられていきます（図7-2参照）。その間に，ケラチン細胞は細胞内に**ケラチン線維**というかたいタンパク質をつくります。これを**角化**といいます。

　やがてケラチン細胞は死んでしまうのですが，皮膚表面はこの角化した細胞の死骸でおおわれることになります。もちろん，やがてはフケや垢となって剥がれ落ちていくのですが，常に下から新しい角化層が押し上げら

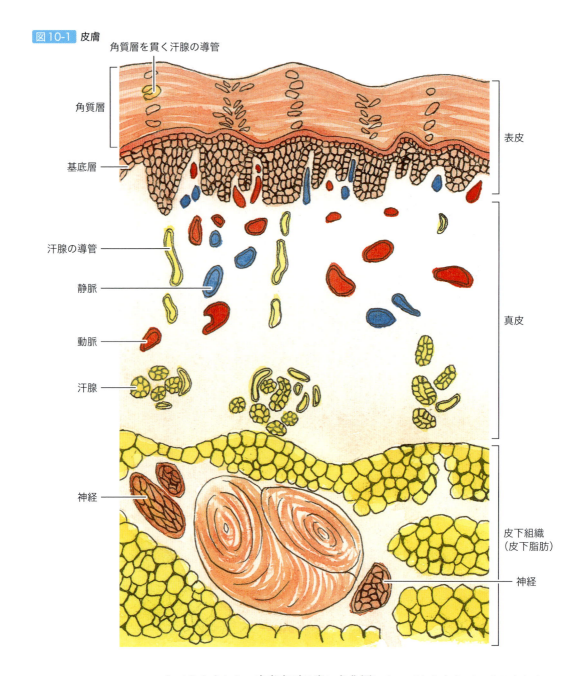

図10-1 皮膚

★エボラ出血熱を引き起こすウイルスのみは，侵入できる可能性があります。

★紫外線は遺伝子に傷害を与えます。

れてきますから，皮膚表面は常に角化層によっておおわれていることになります。ちょうど鎧を着ているようなもので，健常な皮膚からは，ほとんどすべての病原微生物は私たちの体内に侵入することはできません★。

また，表皮の基底部分には**メラニン細胞**があり（図7-2参照），黒色のメラニン色素を産生して紫外線が身体内部に悪影響を与える★ことを防いでいます。

皮膚は物理的な防御を行うばかりでなく，化学的な防御も行っています。皮膚には毛穴の内部に皮脂腺があり，そこから皮脂とよばれる脂肪が分泌されています。この皮脂はpHが4程度の酸性です。大部分の細菌は酸に弱いため，皮膚表面であまり増殖することができないのです。

さらに表皮には，**樹状細胞（ランゲルハンス細胞）**とよばれる免疫系の細胞が常在しており（図7-2），細かい傷口から侵入してきた病原微生物（抗原）を貪食して抗原提示★を行います。

★抗原提示については本章②-**2**で説明します。

粘膜

皮膚は外敵が侵入しないようにだけしていればよいのですが，体内への入口や出口の表面をおおう粘膜は，鎧を着るわけにはいきません。このため，皮膚に比べると粘膜の防御能力は低くなっていますが，それでもそれぞれの場所・役割に応じたさまざまな方法で，外敵の侵入を防いでいます。

- **気道粘膜**：私たちは呼吸をしなくては生きていけません。そのため空気を肺まで吸い込むのですが，吸い込む空気のなかには塵埃（ほこり）ばかりでなく，さまざまなカビ（真菌）の胞子や細菌，ウイルスが含まれています。これらが肺にまで侵入しないように，いろいろな防御措置がとられています。

まずは気道の入口である鼻ですが，ここには鼻毛がはえており，これがフィルターの役割をして比較的大型の塵埃をとり除きます。さらに鼻腔には粘液が分泌されており，塵埃はこの粘液に吸着されます★。

★ほこりっぽいところに長時間いると鼻くそが増えるのはこのためです。

鼻毛をすり抜けてさらに奥まで侵入した細菌などの異物に対しては，鼻腔からの気道と口腔からの食物の通り道が合流する咽頭（図8-20参照）にたくさんの**リンパ節**★があり，後で述べる免疫機能による防御が行われます。門番のようなものです。

★いわゆる扁桃腺もその1つです。

さらにここをすり抜けた異物は，気管や気管支の粘膜から分泌される粘液に吸着されます。そして粘膜上皮の表面にはえている線毛の運動によって，上へ上へ，つまり咽頭のほうへと送られ，結局は飲み込まれて胃へと向かいます（図10-2）。分泌液が増加した場合は，痰として咳とともに喀出されます。

加えて，気道に分泌される粘液には，**リゾチーム**とよばれる殺菌作

★抗体については後で詳しく説明します。

リゾチームで殺菌しなければ！

★ただし、人間の場合は文化的な生活によって唾液のリゾチーム活性が低下していますので、本当はあまりやらないほうがよいでしょう。

★老化の促進、発がんの原因となるなどです。

用のある酵素や、IgAという抗体★が含まれていて殺菌を行うので、ガス交換が行われる肺胞は、健常者では無菌状態に保たれています。

● **消化管粘膜**：私たちは食べなくては生きていけません。しかし、食べるものにも細菌などがたくさん付着しています。まずは入口である口腔ですが、ここに分泌される唾液にも、前述した気道と同様にリゾチームが含まれ、殺菌作用を発揮します。イヌなどがケガをすると傷口をペロペロ舐めますが、これは唾液に含まれるリゾチームを使って殺菌しているのです。私たちも指をナイフなどで切ってしまうと思わず指を口に含みますが、これも本能的に唾液によって殺菌しようとしているのです★。そして、「気道粘膜」の項でも書いた咽頭のリンパ節の関所を通過します。

さらに食物は、胃に入った時点で強い酸性の胃液によって殺菌されてしまいます。小腸は無菌状態ですが、大腸には健常者でも大腸菌や腸球菌などの細菌が膨大な数、住み着いています。これらは**常在細菌叢**とよばれ、あまり好ましくないこと★もするのですが、外来の病原微生物の増殖を阻止するというありがたい仕事もしてくれています。

図10-2 気管や気管支に入った異物は上に押し出される

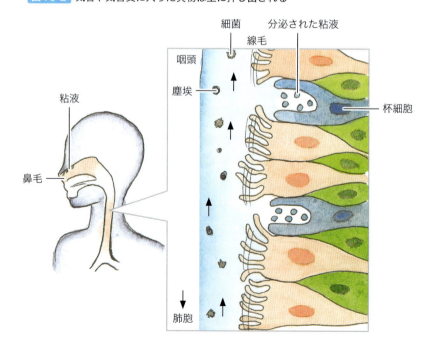

- **尿路**：尿の通り道である尿路の防御方法は単純です。尿は健常者では無菌状態ですので、この無菌の尿を定期的に流すことによって洗浄しています。尿道炎★などになってしまったら、できるだけたくさん水分をとって、尿の量と排尿の頻度を増やすと早く治ります。
- **膣**：膣にはデーデルライン桿菌とよばれる細菌が住み着いており（常在細菌）、この細菌が乳酸を産生します。乳酸は酸性ですから、他の細菌は増殖できないわけです。ただし、この酸性の環境でも生き延びることができる細菌やウイルスが存在し、それらが性感染症（いわゆる性病）の原因となります。

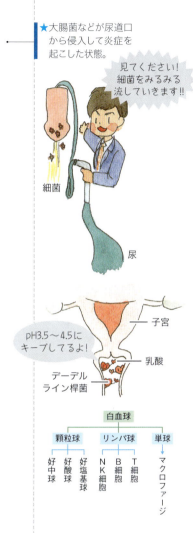

★大腸菌などが尿道口から侵入して炎症を起こした状態。

2 侵入した病原微生物と戦う

侵入した病原微生物と戦う主役は、血液中の**白血球**です（図8-18）。白血球は、赤血球と同様に骨髄でつくられます。白血球には**顆粒球**、**リンパ球**、**単球**という3つの系統があります。このうちのリンパ球は、次の項②で述べる免疫を担当します。ここでは主として顆粒球と単球の説明をしましょう。

● 顆粒球は3種類

顆粒球には**好中球**、**好酸球**、**好塩基球**の3種類があります。この名前ですが、別に中性が好き、酸性が好きな細胞という意味ではありません。単に中性、酸性、塩基性の色素でよく染まることから、このような名前がついています。

● 好中球は肉弾戦の主役

このなかで圧倒的に多いのが好中球です。好中球はふだんは血液中を流れているのですが、炎症などがあると血管のすきまから外に出て、アメーバ運動（図10-3）によって炎症のある部位に集まってきます。このような移動できる能力のことを**遊走能**といいます。ふだんは道路上をパトロールしており、事件があると現場に急行するパトロールカーのようなものだと理解してください。

そして、炎症部位で細菌などを細胞内に取り込んで消化してしまいます。これを**食作用**あるいは**貪食作用**といいます（図10-4）。犯人逮捕ですね。

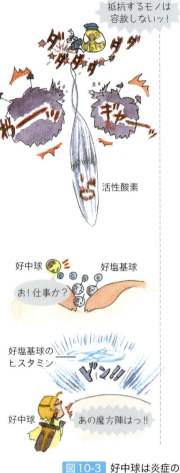

好中球はただ食べるだけではなく，化学兵器も使います。**活性酸素**という，電子が1個多くて反応性に富む酸素を放出することで細菌を殺します。

このように，好中球は肉弾戦の主役ですから，細菌感染などがあると骨髄での好中球産生が亢進して数が増加します。

● 好中球をよぶ好塩基球，寄生虫をやっつける好酸球

好塩基球や好酸球も，数は少ないのですがそれぞれの役割があります。

好塩基球は，最初に損傷部位に集まってヒスタミンを放出して炎症を引き起こします。これに誘われて好中球が集まってくるのです。

好酸球は，活性酸素などを放出して自分よりもはるかに巨大な寄生虫をやっつけることができます。このため寄生虫病のときに好酸球が増加します。また，アレルギー疾患（花粉症など）のときにも好酸球が増加します。これは必ずしも好酸球によってアレルギー疾患が引き起こされるわけではなく，好酸球はアレルギー反応を抑制するために増加しているともいえそうです。

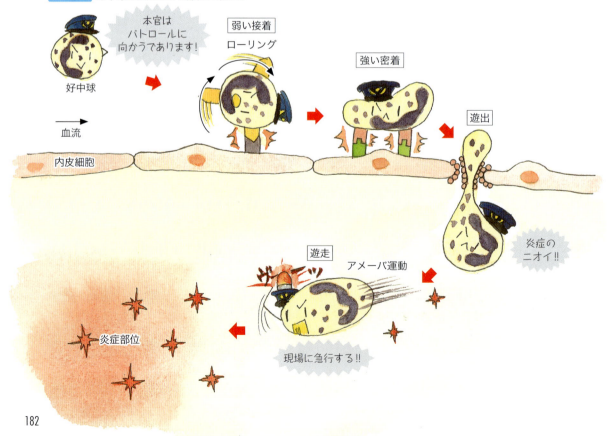

図10-3 好中球は炎症のある部位に集まる

図10-4 好中球による食作用（貪食作用）

単球はマクロファージに変身！

単球は生まれるとすぐに血管外に出て，組織中に潜り込んで大型の**マクロファージ**（図8-9）とよばれる細胞に変身します。

マクロファージは組織中で待ち伏せをしているようなもので，これも強い食作用を示します。そして食べるだけではなく，食べた細菌などの抗原の情報を，リンパ球が反応しやすい形に処理して細胞膜上に示します。これを**抗原提示**といいます（次項②-❷で詳しく述べます）。つまり，マクロファージは免疫にも強く関与しているといえます。

マクロファージは細菌ばかりでなく，古くなった細胞をも食べますので，組織の掃除係であるともいえるでしょう。

がん細胞を殺すリンパ球

リンパ球は免疫を担当すると本項❷の冒頭に書きましたが，リンパ球のなかにも非特異的な生体防御にかかわるものがあります。**NK細胞**とよばれます。これはNatural Killer細胞の頭文字のNとKをとって名づけられたもので，「生来の殺し屋細胞」という怖い名前です。しかしとても大切な細胞で，奇形の細胞，特にがん細胞を見つけて殺してくれます。

そのメカニズムは不明なのですが，NK細胞の活性は，笑ったり，楽しく生活していると上昇し，気分が落ち込むと低下することが知られています。がんになりたくなかったら，楽しくすごすことを心がけましょう。

② 特異的生体防御機構（免疫）

● 抗体を射ちまくる液性免疫，細胞を破壊する細胞性免疫

特定の相手をやっつける免疫には，**液性免疫**と**細胞性免疫**の2種類があります。

この章の冒頭で「特異的防御とは抗体というミサイルを射ちまくるようなもの」だと述べましたが，これは液性免疫のことを指しています。リンパ球が抗体をつくって，それを体液（主に血漿★）中に放出するために，このようによばれます。

★血漿：血液のうちの細胞成分を除いた液体成分（図8-18）。

一方の細胞性免疫とは，ウイルスなどに感染してしまった私たち自身の細胞を，リンパ球が攻撃して破壊することを指します。

● 液性免疫はB細胞，細胞性免疫はT細胞が主役

免疫を担当するのはリンパ球ですが，リンパ球は大きく**Bリンパ球（B細胞）**と**Tリンパ球（T細胞）**に分けられ，おおざっぱに言ってB細胞が液性免疫を，T細胞が細胞性免疫を担当します★。

★193ページまめ知識10参照。

しかし，T細胞はさらに細かく，ヘルパー（お手伝いさん）T細胞，キラー（殺し屋）T細胞，レギュラトリー（制御性）T細胞★に分けられます。これらは顕微鏡で見ただけでは区別がつきません。細胞表面にある，CDとよばれる種々の分子のうちのどれをもっているかで区別します。例えばヘルパーT細胞はCD4を，キラーT細胞はCD8をもっています。

★レギュラトリーT細胞は，サプレッサー（抑制）T細胞とよばれていました。これらは同じものです。

1 リンパ組織

● 血流の一部はリンパになる

毛細血管から濾過された血漿成分は，間質液となって組織との間で物質交換を行った後，再び毛細血管に吸収されます★。しかし，その一部はリンパ管に流れ込んでリンパになります。リンパは血液循環とは独立した経路をたどって，頸のあたりで静脈に合流します（図10-5）。

★第3章⑥を参照ください。

● リンパ節にリンパ球がたむろしている

リンパ循環の意義は，過剰な間質液を除去する，組織中の古いタンパク質を除去する，小腸で吸収された脂肪を輸送する，などいろいろありますが，免疫にも大きくかかわっています。

図10-5に示されているように，リンパ系の各所に**リンパ節**（いわゆる**リンパ腺**）があります。このリンパ節を拡大して内部のようすを示したのが図10-6です。リンパ節の外周部分（**皮質**とよばれます）には骨髄で生まれたB細胞が集合しており，ここで成熟します。その内側（**傍皮質**）にはT細胞が集まっています。次に述べるマクロファージや樹状細胞による抗原提示が行われる場所でもあります。

つまり，リンパ節は兵士たちの駐屯地であり，マクロファージや樹状細胞などの伝令がやってくると，いっせいに防衛活動を開始する，といえるでしょう。

図10-5 全身をめぐるリンパ系

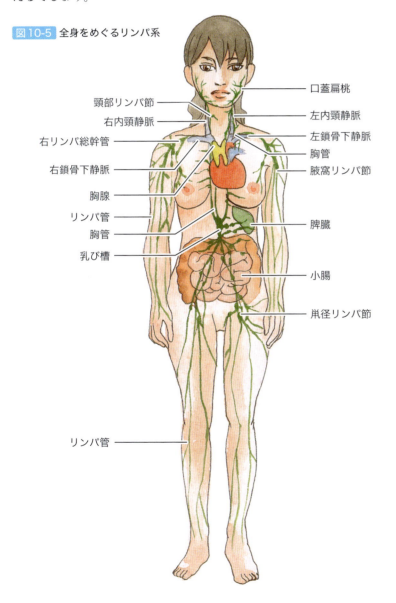

図10-6 リンパ節の内部のようす

（図中ラベル：弁、輸入リンパ管、皮質、傍皮質、髄質、輸出リンパ管、被膜）

2 液性免疫

● 抗体をつくるＢ細胞，活性化するヘルパーＴ細胞

　液性免疫を主として担当するのはＢ細胞ですが，ヘルパーＴ細胞も重要な役割を果たします。

　病原微生物などは，私たちの体内に侵入すると★どんどん分裂して増殖し，毒素を出したり，組織を破壊したりなどして病気を引き起こします。これに最初に対抗するのが，先ほど述べた好中球やマクロファージ，樹状細胞による食作用です。ただ，彼らの仕事は前述のように食べるだけではありません。食べたものに関する情報を，細胞膜上に示すのです（**抗原提示**）。このようにして提示された情報をヘルパーＴ細胞が読みとり，その抗原に対する抗体をつくることのできるＢ細胞を活性化します（図10-7）。

　活性化したＢ細胞（これを**形質細胞**とよびます）は抗体を次々に産生して血流中に放出します。この抗体は血流に乗って全身をめぐり，抗原に出会うとそれに結合して，ウイルスの場合なら細胞内に侵入できなくしたり★，細菌の場合は白血球に食べられやすくしたり，細菌の菌体に穴を開ける補体というタンパク質を活性化したりします。

★免疫学ではこのような体内に入った異物のことを抗原とよびます。

ふむ…
この味は…

★ウイルスについては次項3に説明します。

1つの抗体は1つの抗原にしか効かない

ここで重要な点は，抗体が抗原提示された情報に従ってつくられることです。例えば，病原大腸菌に対してつくられた抗体は，病原大腸菌に対してしか有効ではありません。どんなによく似ていても，赤痢菌やコレラ菌には全く無効です。これはよくカギとカギ穴の関係に例えられます。ある1本のカギは特定の1つのカギ穴にしか合わないのです。とはいえ，B細胞は数億種類もの抗原に対して，それぞれに対応した抗体をつくることができますので，1対1対応でも充分に間にあうのです。

図10-7 液性免疫の流れ；抗原を取り込んでから抗体がつくられるまで

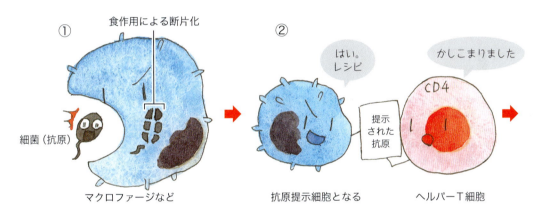

抗原はマクロファージなどにより貪食され　ヘルパーT細胞に提示される。

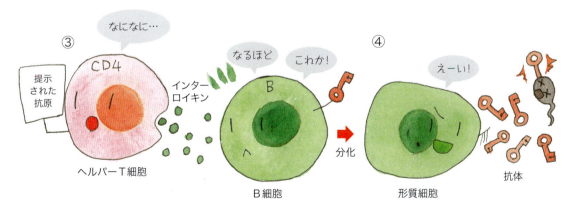

抗原の提示を受けたヘルパーT細胞は種々の　B細胞より分化した形質細胞に抗体を放出させる。
インターロイキン（B細胞刺激因子）を放出し

3 ウイルスの増殖と細胞性免疫

ウイルスによって引き起こされる病気もたくさんあります。冬場になるとおなじみのインフルエンザやノロが猛威を振るいますが、これらの病気もウイルスによって起こります。それ以外にも麻疹(はしか)、風疹(三日ばしか)、水痘(水ぼうそう)、ムンプス(おたふくかぜ)などいろいろあります。

● ウイルスを増やすのは私たちの細胞!?

ウイルスは、殻のなかに遺伝子しかもっていません★。従って遺伝子(核酸)を複製することができず、自分の力で増殖することができません。そこでウイルスは、生きた細胞(ここでは私たちヒトの細胞に限定して話を進めましょう)の表面にとりつくと、自分の遺伝子をその細胞の中に注入するのです。

★遺伝子としてDNAをもつウイルスとRNAをもつウイルスがあります。

私たちの細胞は、このウイルス遺伝子の指示に従ってウイルス遺伝子をどんどん複製し、その周囲を包む殻もつくってあげるのです。こうやって私たちの細胞の中にどんどんウイルスがつくられ、やがて細胞の中がウイルスだらけになると細胞膜が破れて多量のウイルスが放出されます(図10-8下)。放出されたウイルスはまた他の細胞にとりついて再びウイルスを合成させる、これがくり返されてウイルスがどんどん増えていきます。

●「肉を切らせて骨を断つ」細胞性免疫

ウイルスはこのようにして増殖しますので、細胞の外にいるウイルスをいくら抗体で攻撃しても効果が上がらないのです。なぜならウイルスは細胞の中で増殖し、そして抗体は私たち自身の細胞には無効だからです。

ここで活躍するのが**細胞性免疫**です。ウイルスに感染した細胞は、細胞膜上に独特のウイルス抗原を提示します。これを見つけたキラーT細胞はその細胞を破壊してしまいます(図10-8上)。これによってウイルスは増殖の場を失ってしまうのです。キラーT細胞は、仲間の細胞を破壊してしまう「肉を切らせて骨を断つ」作戦をとっているといえるでしょう。

ただし、抗体をつくる液性免疫も重要な役割を果たします。まだ私たちの細胞の中に潜り込んでいないウイルスに対して(効率は悪いのですが)抗体がつくられ、そのことが記憶されるのです。そのことを次に説明します。

図10-8　ウイルスは私たちの細胞を利用して増えていく

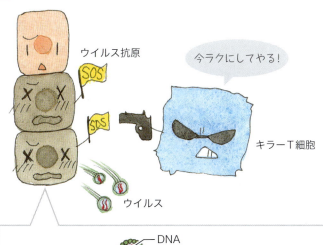

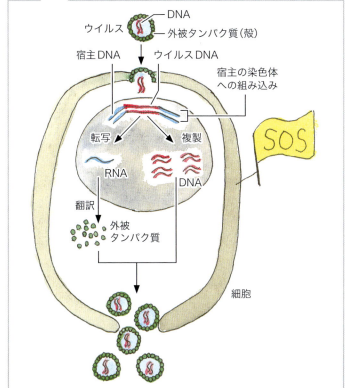

4 予防接種

● 2度目はすばやくやっつける

　この章の冒頭部分で，病原微生物に感染してからリンパ球が抗体をつくりはじめるまでに約1週間かかると述べましたが，これははじめてその病原微生物に感染した場合のことです．活性化したB細胞が一度抗体

をつくると，その情報を保持した一部のB細胞が**メモリー（記憶）細胞**となって休止状態に入ります。そして2度目にその病原微生物に感染すると，メモリー細胞は急速に増殖し，そして強烈に免疫系が活性化されて，その病原微生物をやっつけてしまうことができるのです（図10-9）。

このため，麻疹や風疹などは一度かかると，通常はもう2度とかかることがないのです。発病する前に麻疹ウイルスや風疹ウイルスが破壊されてしまうからです。

ただし敵もさる者，インフルエンザウイルスなどはどんどん微妙に変化していくので，免疫系には別の病原微生物と認識されてしまい，私たちは毎年のようにインフルエンザに悩まされることになります。また，赤痢や梅毒の抗原情報は記憶されにくく，これらの病気には何度でもかかります。

● 予防接種で病気を記憶させる

一度病気にかかると2度と同じ病気にかからない，このような免疫系

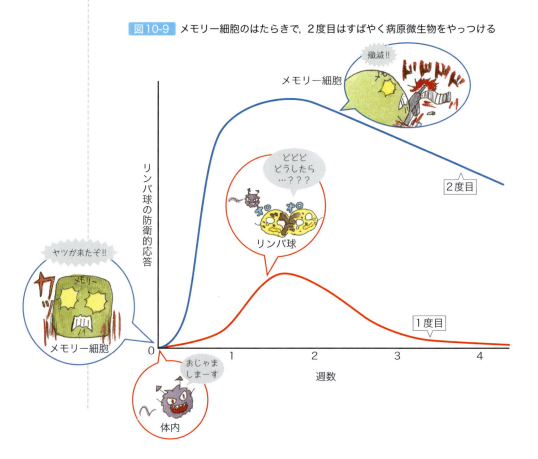

図10-9 メモリー細胞のはたらきで，2度目はすばやく病原微生物をやっつける

の性質を利用して病気を予防するのが**予防接種**です。

わざわざその病気にかかるのはたいへんですし，その病気で死んでしまう可能性もあるのですから，そんなことはできません。そこで，死んだ病原微生物，あるいは毒性を極端に弱くした病原微生物を私たちの体に注射します。死んでいようが，毒性が弱かろうが，その微生物には変わりがありませんから，私たちの免疫系はその微生物に対する抗体をつくり，そしてその経験がメモリー細胞に記憶されるのです。

これによって，はじめてその病原微生物に感染した場合でも，図10-9の2度目の曲線のように，免疫系がすみやかに，そして強烈に反応しますから，その病気にはかからないですむというわけです。

5 アレルギーと自己免疫疾患，拒絶反応

● 免疫系がはたらきすぎると起きる病気

免疫系は，病原微生物など外来の異物を除去してくれるという点で私たちにとって必要不可欠なものなのですが，ときどき過剰に反応してしまって私たちを苦しめることがあります。この過剰反応を抑えてくれているのがレギュラトリーT細胞なのですが，これのはたらきも完全とはいえないわけです。

一般的には，本来無害なものに対して免疫系が過剰に反応するものを**アレルギー**，自分自身の細胞や組織に対して免疫系が攻撃をしてしまうものを**自己免疫疾患**とよびますが，医学的にはそのメカニズムからアレルギーをⅠ型～Ⅳ型に分けます。そしてⅠ型とⅣ型の一部がいわゆるアレルギー，Ⅱ型・Ⅲ型・そしてⅣ型の一部が自己免疫疾患です。花粉症や蕁麻疹，食物アレルギーなどがⅠ型のアレルギーで，接触皮膚炎（うるし，化粧品，金属などでのカブレ）がⅣ型のアレルギーに分類されます。

アレルギーの分類
Ⅰ型（いわゆるアレルギー）
花粉症，蕁麻疹，食物アレルギー
Ⅱ型（自己免疫疾患）
重症筋無力症，自己免疫性溶血性貧血
Ⅲ型（自己免疫疾患）
関節リウマチ
Ⅳ型（いわゆるアレルギー＋自己免疫疾患）
接触皮膚炎，拒絶反応

● 関節リウマチ：自分の関節が攻撃される

代表的な自己免疫疾患としては，**関節リウマチ**があげられるでしょう。

関節リウマチは，手指や足の指に加え，肘，肩，膝などなどいろいろな関節に出現しますが，関節が痛み，腫れ，そして放置すると変形を生じて関節が動かなくなってしまう病気です。これはⅢ型のアレルギーに分類され，免疫系が関節の滑膜（図10-10）を異物であると判断してし

まって攻撃し，そこで炎症が起こることによります。

● 拒絶反応：移植臓器が攻撃される

拒絶反応も厄介なものですが，これは免疫系が悪いわけではありません。当然ながら，免疫系は臓器移植などという治療行為を想定してつくられているわけではないのですから。

移植される臓器は他人の臓器ですから，それは異物です。免疫系はそれを排除しようとして躍起になるのです。放置すると，移植された臓器・組織は免疫系の攻撃を受けて機能できなくなってしまいます。これが拒絶反応です。

このため臓器移植を受けた患者さんに対しては，免疫系のはたらきを抑制する薬★を投与する必要があります。ところがこれをやると，免疫系が抑制されるのですから，病原微生物（ふつうなら私たちに病気を引き起こすことのない病原性の低い細菌やカビも含めて）に対する抵抗力が下がり，感染症にかかりやすく，そして重症化しやすくなります。治療者はこの「両刃の剣」を細心の注意をもって振るうことが求められます。

★副腎皮質ステロイドなどがあります。

図10-10 関節リウマチ；自分の滑膜を免疫系が攻撃してしまうことで起こる

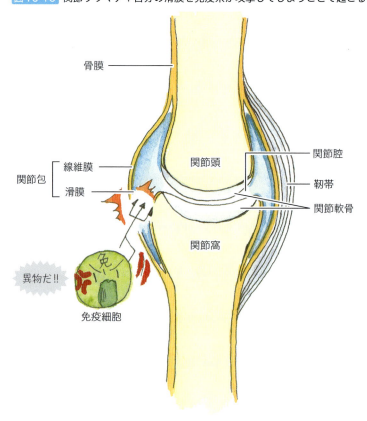

知っ得！まめ知識 10

リンパ球の名前の由来

　Bリンパ球（B細胞）とTリンパ球（T細胞）の名前の頭についているBとTとは何でしょう．

　T細胞のTとは，胸腺（Thymus）の頭文字に由来します．骨髄で生まれたT細胞は胸腺で成熟した後，リンパ節に移動することからこのような名前となりました．

　B細胞のBは，鳥類にあるファブリキウス嚢（Bursa Fabricius）の頭文字です．鳥類ではB細胞はファブリキウス嚢で成熟するためにこの名前がつけられました．ヒトを含む哺乳類ではこのファブリキウス嚢に相当する部位がどこなのか，長らくわからなかったのですが，B細胞はリンパ節で成熟することが判明しました．リンパ節は英語でLymph nodeですから，L細胞と改名したほうがよいかもしれませんね．

章末クイズ

正しい文章には○を，誤った文章には×をつけなさい．

❶ 表皮において免疫機能を担当するのはケラチン細胞である．　☐
❷ 粘膜は皮膚に比して防御能力は低い．　☐
❸ リンパ球の一部は非特異的防御にも関与する．　☐
❹ マクロファージは免疫には関与しない．　☐
❺ ヘルパーT細胞によって免疫学的記憶が保持される．　☐

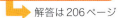
解答は206ページ

第11章

成長と老化

　皆さんはこれから医療に関連する勉強をはじめるわけですが，いろいろな正常値（基準値）を覚える必要があります。例えば血圧（図11-1）は最高血圧が120 mmHg程度で，最低血圧は80 mmHg（120/80 mmHgと記載します）が正常な値であると教わるでしょう。そして最高血圧が140 mmHg以上，または最低血圧が90 mmHg以上であると高血圧であると診断されます。

　ところが，皆さんが教わる正常値は，健常な若年者（18〜30歳代）での値です。血圧は子どもではこれより低く（乳児では85/60 mmHg程度，小学生で110/65 mmHg程度），年をとるとともに上昇して，70歳代では健康であっても動脈がかたくなるために155/90 mmHg程度になります。ですから，乳児の血圧が120/80 mmHgあったらたいへんな高血圧ですし，80歳のおじいさんの血圧が160/90 mmHgであったからといって，高血圧だと騒ぐ必要はないのです。

　血圧だけに限りません。ほとんどすべての値が，成長，加齢とともに変化していきます。これらすべてをここで論じることはしませんが，この最終章では，正常な成長と加齢に伴う私たちの身体の変化をみていくことにしましょう。

① 誕生

誕生前，酸素や栄養素はお母さんから

　胎児期にはお母さんのお腹の中にいますので，呼吸をして酸素を取り込むことができません。食事をして栄養素を取り込むこともできません。胎児は，お臍から出るへその緒（医学的には**臍帯**といいます）を通して，胎盤においてお母さんの血液から酸素や栄養素を受けとっています（図11-2）。

　呼吸をしていないので，肺の中には空気が入っておらず，ぺちゃんこにつぶれています。このため血流に対する抵抗が大きく，血液はほとんど流れていません。この状態で月満ちて分娩（お産）となります。

はじめて空気を吸い込むとき

　温かいお母さんのお腹の中から出て，冷たい外気に触れることが刺激となって，そして胎盤からの酸素の供給が途絶えることで，赤ちゃんは大きく空気を吸い込みます。このときの音が**産声**です。ふつう，私たちは肺から空気を吐き出すことで声を出しますが，産声は逆に空気を吸い込む音なのです。これによって肺の中に空気が入って膨らみ，血流に対

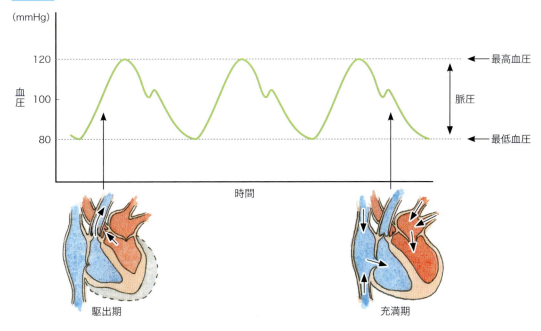

図11-1　最高血圧と最低血圧

する抵抗が減って，肺に血液が流れるようになります．それに伴って血液の流れが大きく変わります（図11-3）．

つまり誕生の瞬間というのは，体内の血液の流れが激変する，大転換点であるといえるでしょう．

図11-2 酸素や栄養素は，胎盤を介してお母さんから受けとる

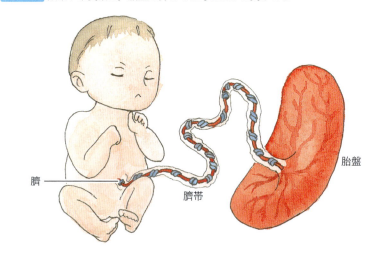

図11-3 産声によって肺に血液が流れる

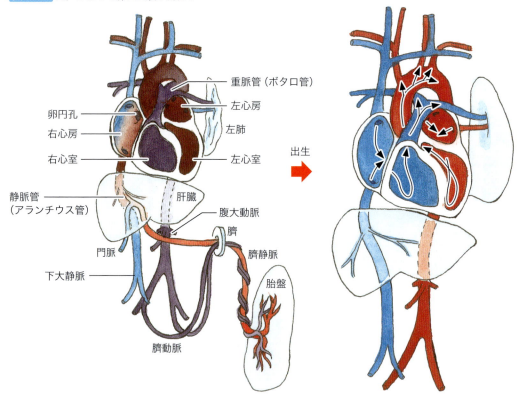

② 成長

身体はどう大きくなる？

　誕生時の体重は **3000 g（3 kg）前後**★，身長は 50 cm 程度です。女児は男児よりも少し小柄です。これがどんどん大きくなり，1 歳では体重は 3 倍の 9 kg，身長は 1.5 倍の 75 cm 程度になります。

　その後の成長は図11-4 のように★，乳児期（4 週〜満 1 年；図11-5 参照）の急激な増加の後，幼児期（1〜6 歳）に入ると成長速度が落ちて安定した成長に移行します。ところが青少年期（男：12〜20 歳，女：10〜18 歳）に入ると再び成長が促進され（これを**スパート**といいます），そして性的な成熟とともに成長は止まります。

　この間，赤ちゃんがそのまま大きくなっていくわけではありません。赤ちゃんは頭でっかちで，身長の 1/4 程度を頭が占めています。つまり 4 頭身です。これが 6 歳くらいで 6 頭身，成人では 8 頭身（日本人ではなかな

★この値は覚えておいたほうがよいでしょう。

★これはあくまでも平均値です。

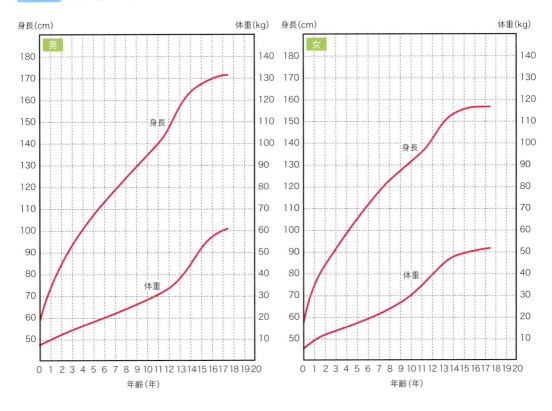

図11-4　身長と体重の増え方（成長曲線）

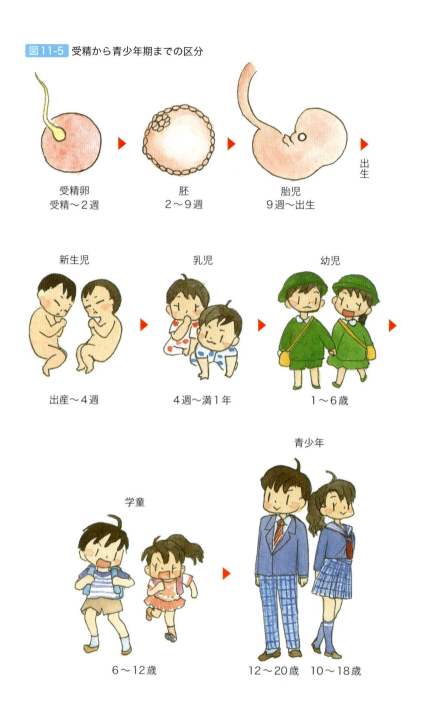

図11-5 受精から青少年期までの区分

受精卵 受精〜2週 / 胚 2〜9週 / 胎児 9週〜出生 / 出生

新生児 出産〜4週 / 乳児 4週〜満1年 / 幼児 1〜6歳

学童 6〜12歳 / 青少年 12〜20歳 10〜18歳

★頭でっかちの赤ちゃんのため，お母さんはお産に苦労することになります。ヒトほど難産な動物は他にありません。

かここまでいきませんが）となります（図11-6）。これは，脳の発達がきわめて速く，出生時にはもうすでにかなり成長しているからです★。10歳くらいで成人並みになります。身体の他の部分がその後も成長を続けるため，相対的に頭が身長に占める割合が小さくなるのです。このように臓器によって，成長・成熟のスピードが異なっているのです（図11-7）。

図11-6 赤ちゃんは頭でっかち

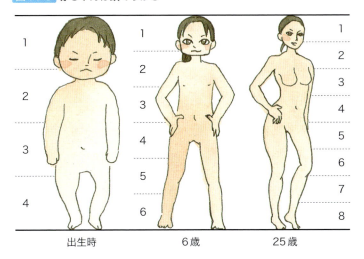

出生時　　6歳　　25歳

図11-7 臓器によって成長のスピードが異なる（Scammonの臓器別発育曲線）

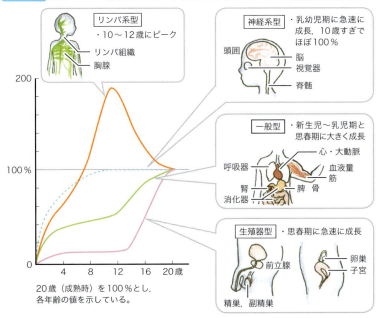

20歳（成熟時）を100％とし，各年齢の値を示している。

🔶 大きさ以外も変化する

　身体のサイズの変化だけではありません。この章の冒頭で述べたように，成長とともに血圧はしだいに上昇し，逆に心拍数（脈拍数）や呼吸数（1分間に行う呼吸の数）は減っていきます。

　身体に含まれる水の量も減っていきます。新生児では身体に含まれる水の量は，体重の80％もあります。文字どおりみずみずしい体です。こ

れが乳児期には70％に減り，若年成人では60％程度となります。

減るといえば，その代表は脳の神経細胞の数かもしれません。第7章①-②でも述べたように，ほとんどすべての脳の神経細胞は，誕生後は細胞分裂する能力を失っていますから，生後は数が減るばかりです。しかし，これも前に述べたことですが，神経細胞どうしの連絡は密になり，それによって運動機能，感覚機能，そして知能が向上していきます。

🟥 **走れるようになるのはいつ？**

それでは子どもの発達をみていきましょう。これは子育てを経験した人ならだいたい覚えているのですが，子育ての経験がおそらくいまだない皆さんにとっては，努力して覚えておく必要があります★。

★ただし，これはあくまでも目安であり，子どもによって多少の早い，遅いがあることは頭に入れておいてください。

- **4カ月**：首が座る，人の動きを目で追う，笑う，人を見て声を出す
- **10カ月**：一人座りができる，つかまり立ちができる，1語を言う，自分でクッキーを食べる
- **1歳**：ハイハイ・支え歩きができる，2語またはそれ以上を言う
- **1歳半**：歩く，1人で椅子に座る，片言を言う，スプーンを使うがこぼす
- **2歳**：走る，パンツをはく
- **3歳**：簡単な質問に答える，スプーンを上手に使う，靴をはく
- **4歳**：片足で跳べる，お使いができる

③ 老化

老化は避けることのできない現象です。いくら体を鍛えていても，プロ野球やプロサッカーの選手が40歳前後で引退せざるをえないのは，老化による筋力の低下だけではなく，全身の機能が低下してくるからです。

先ほどの身体に含まれる水の量に話を戻すと，若年成人では体重の60％を占めていた水は，加齢とともに徐々に減っていき，70歳以上になると体重の50％程度になってしまいます。

ここで臓器別にどのように老化していくのかをみていきましょう。

ツタンカーメンの祖母ティイ（ミイラ）

1 循環器系

動脈がかたくなって，血圧がしだいに上昇することは章の冒頭で述べましたが，その中を流れる血液中で酸素を運ぶ役割を担っている赤血球の数も減っていきます。

また，心臓は年をとっても，安静時には充分な血液を拍出できるのですが，運動をしたときに血液の拍出を増やす，その予備能が低下してきますので，若いときのようには激しい運動ができなくなってきます。

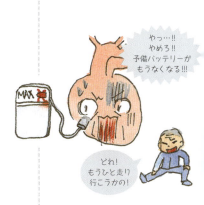

2 呼吸器系

呼吸器も生命維持のために必須の臓器ですから，機能が大きく低下することはありません。しかし，呼吸筋の萎縮や胸郭がかたくなるために肺活量が減少し，呼吸数を増やすことが難しくなっていきます。これも運動が制限されてしまう原因になります。酸素の取り込みも減って，80歳では若い頃の80％程度になります。

また，空気の通り道である気管や気管支への粘液分泌が減少するため，呼吸器感染症に罹患するリスクが高くなります★。

★第10章❶参照。

3 消化器系

消化器は加齢の影響を受けにくい臓器ですが，それでもカルシウム（Ca^{2+}）の吸収機能が低下するために，お年寄りでは**骨軟化症**★が問題になることがあります。

★骨軟化症：骨のCa^{2+}含有量が低下し，骨がやわらかくなって骨折しやすくなります。

4 泌尿器系

30歳くらいをピークとして，その後は加齢とともに腎臓が萎縮して重量が軽くなっていきます。80歳では30歳代の70％程度になってしまいます。これに伴って，腎臓で濾過される血漿の量（**糸球体濾過量**）も直線的に減少していき，80歳では若いころの60％程度になります。

排尿機能にも問題を生じます。男性では前立腺の肥大が40歳代からはじまり，80歳では90％の人が前立腺肥大となっています。肥大がひどくなると，前立腺の中を通っている尿道が圧迫されて，排尿が困難になります。女性，特にお産を経験している女性では，骨盤底筋が弱くなる

ために，くしゃみをするなどで腹圧がかかったときに尿失禁（尿漏れ）が多くなります。

5 神経系

反射機能

神経系も加齢によって衰えていきます。神経細胞の数が減るだけではなく，アルツハイマー型認知症の原因とも考えられるβアミロイドなどの物質が沈着して変性を起こしたり，シナプス間の伝達★が遅くなってきます。このため反射に時間がかかるようになり，内臓機能のすばやい調節が難しくなっていきます。

★第5章⑥参照。

図11-8は運動性の反射機能をチェックする簡単な検査法です。目を

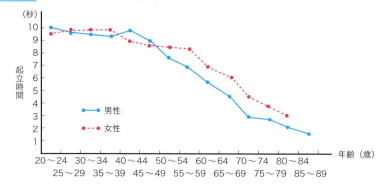

図11-8 反射機能は年とともに低下する

（日野原重明, 他：老化度の評価に関する研究, I. 閉眼片足起立動作能力の加齢による変化. 日老医誌, 3：289, 1966より引用）

閉じた状態で片足立ちをどのくらい続けられるかを調べるものですが，加齢とともに立っていられる時間は直線的に短くなっていきます。反射的な筋収縮の調節がうまくできなくなっていくのが，片足で長時間立っていられなくなる大きな原因です。

🟥 知能

大脳の機能も加齢によって衰えていきますが，知能の種類によって衰え方に差があります。専門知識や日常いつも行っている動作（料理の手順など）等は**結晶性能力**とよばれ，これは年をとってもあまり低下しません。

一方，推理力，記銘力（新しいことを覚える力），計算力などの**流動性能力**は加齢とともに大きく低下していきます（図11-9）。これが極端になったのが認知症です。

6 感覚器系

眼の調節力の低下（老眼），聴力（特に高い音）の低下，味覚の低下により濃い味付けを好むようになる（薄味では感じとれない）など，いろ

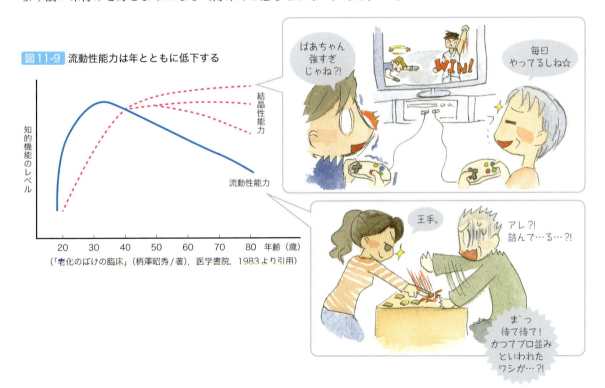

図11-9 流動性能力は年とともに低下する

（「老化のぼけの臨床」（柄澤昭秀／著），医学書院，1983より引用）

いろな面で感覚機能も低下していきます。

　暑さ寒さに対する感覚も鈍るため，お年寄りでは熱中症になる危険が増していきます。また，痛みに対する感覚も鈍くなるため，体に異常があっても痛みがなく，病気の発見が遅れてしまう危険が増していきます。

7 生殖器系

　女性では50歳前後で卵巣内の卵が枯渇し，閉経を生じます。加齢現象のなかでも最も大きな変化といえるでしょう。これに伴って女性ホルモン（**エストロゲン**）の分泌が激減するため，骨を溶かす細胞（破骨細胞）に対する抑制がかからなくなって，骨がもろくなる骨粗鬆症になる危険性が増していきます。

　これに対し男性では，精子をつくる機能も男性ホルモンを分泌する機能も衰えてはいきますが，高齢になるまで保たれます。

8 免疫系

　加齢によって最も大きな影響を受けるのが，免疫系かもしれません。免疫力の低下によって感染症にかかりやすくなります。また，NK細胞やT細胞によるがん細胞の早期発見・早期除去が困難となって，がんに罹患する危険が増していきます。

知っ得！まめ知識 11

老化

　読者の多くはまだ20歳前後でしょうから，全く他人事のように感じていると思いますが（私もかつてはそうでした），20歳代後半から徐々に老化がはじまります。老化は非可逆的に進行します。女性はこの老化を食い止めるために涙ぐましい努力と，そしてお金をつぎ込みますが，老化の進行を多少遅くすることはできても，それを後戻りさせることも，止めることもできません。

　では，どうして私たちは年とともに老化していくのでしょうか。老化の原因としてはいろいろな説が，いろいろな観点から提唱されています。紫外線などによるDNAの損傷が徐々に蓄積されていくのではないか，活性酸素（反応性に富んだ酸素の仲間）による細胞膜の傷害が老化の原因ではないか，あるいは細胞分裂の面から「テロメア仮説」という説も提出されています。

　テロメアとは，染色体の末端部分を帽子のようにおおっているものです。テロメアは細胞分裂をくり返すたびに短くなっていき，最終的にテロメアがなくなると細胞分裂ができなくなる。つまり細胞分裂をくり返すことのできる回数が決まっており，それに伴って老化と死が訪れる，というものが「テロメア仮説」です。

　老化について諸説あるなかで最近注目を集めているのが，何とグルコースです。グルコースはエネルギー源として私たちにとってなくてはならないものなのですが，一方で老化を引き起こす真犯人である可能性が高いのです。

　グルコースには無差別にタンパク質に結合してしまう性質があります。例えば血管壁や皮膚のコラーゲンに結合してコラーゲン線維とコラーゲン線維との間に架橋をつくってしまうと，コラーゲン線維の弾性が失われ，血管壁がかたくなったり，皮膚の張りが失われたりします。各種の酵素もすべてタンパク質ですから，これらにグルコースが結合することで酵素活性が低下する可能性があります。このようにして，徐々に，徐々に老化が進行するのではないかと考えられているのです。とはいえ，これは一因にすぎず，グルコースは体に大切なものですから，摂取を過剰に控えることはやめましょう。

章末クイズ

正しい文章には○を，誤った文章には×をつけなさい。

❶ 胎児期には肺の血流量は少ない。
❷ 出生後1年間で体重は約3倍に増加する。
❸ 一人でパンツをはけるようになるのは3歳を過ぎてからである。
❹ 消化器系は最も老化の影響を受けやすい。
❺ 女性では閉経後に骨粗鬆症になる危険性が増加する。

解答は206ページ

章末クイズ 解答

第1章 世界を構成する物質
解答 ①○ ②× ③○ ④× ⑤○
解説 ②電子はマイナスの電荷をもっています。④ある物質の原子量（分子量）gを1Lの水に溶かした濃度が1 mol/Lです。

第2章 生体物質
解答 ①○ ②× ③× ④× ⑤○
解説 ②細胞膜の主要構成成分は脂質（リン脂質）です。③アミノ酸がいくつもつながってできているのはタンパク質です。④ヌクレオチドは塩基＋五炭糖＋リン酸からなります。

第3章 身体内外の圧力
解答 ①× ②○ ③○ ④○ ⑤×
解説 ①血液は血圧の高いところから低いところへと向かって流れます。⑤血管内外のタンパク質の濃度差によって生じる浸透圧を膠質浸透圧といいます。

第4章 細胞
解答 ①× ②○ ③○ ④○ ⑤×
解説 ①いろいろな形の細胞があるのは、それぞれ別の遺伝子が活性化（発現）するからです。⑤脂肪からのエネルギー変換効率は糖質に比して高く、2倍以上です。

第5章 電気
解答 ①○ ②○ ③× ④× ⑤×
解説 ③興奮性細胞の細胞膜は、細胞内が細胞外に比してマイナスに帯電しています。④活動電位はNa^+が細胞内に流入することによって発生します。⑤興奮が細胞から別の細胞へと伝わることは「興奮の伝達」といいます。

第6章 遺伝情報
解答 ①○ ②× ③○ ④× ⑤×
解説 ②DNAの暗号をRNAが読みとることは「転写」といいます。④遺伝病を引き起こす遺伝子は、正常遺伝子に対し、劣性であることが多いです。⑤伴性劣性遺伝病の発症の可能性は、女性に比して男性のほうがはるかに高いです。

第7章 細胞分裂
解答 ①○ ②○ ③○ ④× ⑤○
解説 ④1個の卵母細胞は、減数分裂を行うと1個の卵しか生じません（残りの3つは極体になり、消滅）。

第8章 人体の階層構造
解答 ①× ②× ③○ ④○ ⑤×
解説 ①小腸の内腔は単層円柱上皮でおおわれています。②平滑筋細胞は筋組織の構成要素の1つです。⑤生殖器系は、全部を摘出しても生命維持は可能です。

第9章 ホメオスタシス
解答 ①× ②○ ③× ④○ ⑤○
解説 ①ホメオスタシスとは、体内環境が一定に保たれることを指します。③大動脈と頸動脈洞にあるセンサーが血圧の高さを感知して、脳に情報を送り、血圧を調節しています。

第10章 生体防御機構と免疫
解答 ①× ②○ ③○ ④× ⑤×
解説 ①表皮において免疫機能を担当するのは樹状細胞（ランゲルハンス細胞）です。④マクロファージは免疫に関与していて、抗原提示を行います。⑤メモリー（記憶）細胞によって免疫学的記憶が保持されます。

第11章 成長と老化
解答 ①○ ②○ ③× ④× ⑤○
解説 ③一人でパンツをはけるようになるのは2歳を過ぎてからです。④消化器系は最も老化の影響を受けにくい臓器です。

索引

欧文

【A, B】
ADP … 42
AMP … 42
ATP … 42
B 細胞 … 184
B リンパ球 … 184

【C, D】
cal … 83
CD4 … 184
CD8 … 184
di … 48
DNA … 39, 41
DNA の複製 … 114
DNA ポリメラーゼ … 114

【E, G】
ES 細胞 … 126
Eq … 25
G［ギガ］… 27
G_0 期 … 125
G_1 期 … 123
G_2 期 … 123

【H, I】
hexa … 48
hPa … 52
Hz … 97
IgA … 180
iPS 細胞 … 127

【K, L】
k［キロ］… 27
K 殻 … 20
K^+ チャネル … 73
kcal … 83
L 殻 … 21

【M】
m［ミリ］… 21
M［メガ］… 27
M（mol/L）… 24
M 殻 … 21
M 期 … 124
mEq … 25
mM … 24
mmHg … 52
mol … 24
mono … 48
mOsm … 62
mRNA … 106
mV … 91

【N】
n［ナノ］… 27
N［ニュートン］… 52
N 殻 … 21
Na^+ チャネル … 73
Na^+–K^+ ポンプ … 73, 93
NK 細胞 … 183

【O, P】
Osm … 62
p［ピコ］… 27
P 波 … 100
Pa … 52
penta … 48
poly … 48

【Q, R, S】
QRS 波 … 100
RNA … 41, 123
RNA ポリメラーゼ … 105
S 期 … 123
SRY 遺伝子 … 104

【T, X, Y】
T 細胞 … 184
T 波 … 100
T リンパ球 … 184
TCA サイクル … 81
tetra … 48
Torr … 52
tri … 48
tRNA … 106
X 染色体 … 76, 110, 133
Y 染色体 … 76, 104, 133

記号・ギリシャ文字
％濃度 … 23
β アミロイド … 202
μ［マイクロ］… 27

和文

【あ】
アウエルバッハ神経叢（そう）… 147
悪性腫瘍 … 156
アクチンフィラメント … 69
アセチルコリン … 98
価 → か と読む
圧エネルギー … 82
圧受容器 … 163
圧力 … 50
アデニン … 40
アデノシン 1 リン酸 … 42
アデノシン 2 リン酸 … 42
アデノシン 3 リン酸 … 42
アボガドロ数 … 24
アポトーシス … 78
アミノ基 … 37
アミノ酸 … 37
アミノ酸配列 … 108
アメーバ運動 … 181
アルカリ性 … 25

アルツハイマー型認知症 ……………… 202
アルドステロン ………… 168
アレルギー ……………… 191
アレルギー疾患 ………… 182
アンモニア ……………… 26

【い】
胃 ……………………… 151
胃液 …………………… 180
イオン ………………… 17
異化作用 ……………… 80
閾値(いきち) ………… 97
イクイバレント ……… 25
移行上皮 ……………… 138
位置エネルギー ……… 82
一次構造 ……………… 38
1倍体 ………………… 130
遺伝 …………………… 108
遺伝子型 ……………… 109
遺伝子の組換え ……… 132
遺伝子の導入 ………… 127
遺伝情報 ……………… 102
遺伝病 ………………… 110
陰圧 …………………… 58
陰イオン ……………… 17, 23
陰茎 …………………… 154
飲水中枢 ……………… 167
インスリン …………… 165
インパルス …………… 94

【う】
ウイルス ……………… 184, 188
右心室 ………………… 52, 55
右心房 ………………… 52, 55
うつ熱 ………………… 174
産声(うぶごえ) ……… 195
ウラシル ……………… 40
運動エネルギー ……… 82
運動器系 ……………… 155

【え】
液性免疫 ……………… 184, 186
エストロゲン ………… 204
エネルギー …………… 82
エネルギー消費量 …… 83
エネルギー摂取量 …… 83
エネルギー代謝 ……… 80
エラスチン …………… 139
塩化カルシウム ……… 22
塩化ナトリウム ……… 14
塩基 …………………… 25, 39
炎症(えん) …………… 182
塩類 …………………… 29

【お】
横隔膜 ………………… 58
横紋筋 ………………… 69
オーバーシュート …… 93
オスモル ……………… 62
オリゴペプチド ……… 38
温覚 …………………… 154

【か】
価(か) ………………… 23
開始コドン …………… 107
階層構造 ……………… 136, 137
解糖系 ………………… 80
化学エネルギー ……… 82
化学反応 ……………… 16, 17
核 ……………………… 67, 75
角化 …………………… 177
核酸 …………………… 39
拡散 …………………… 43, 45
拡張期血圧 …………… 53
核分裂 ………………… 123
核膜 …………………… 75
下垂体 ………………… 167
渇感 …………………… 167
活性 …………………… 161
活性酸素 ……………… 182

活動電位 ……………… 73, 93
滑膜 …………………… 191
滑面小胞体 …………… 67, 79
果糖 …………………… 31
ガラクトース ………… 31
顆粒球 ………………… 181
カルボキシル基 ……… 37
加齢 …………………… 200
カロリー ……………… 83
がん …………………… 156, 183
感覚器系 ……………… 154, 203
感覚受容器 …………… 154
間期 …………………… 123
幹細胞 ………………… 126
肝細胞 ………………… 122, 166
がん細胞 ……………… 183
間質液 ………………… 44
緩衝作用 ……………… 170
関節リウマチ ………… 191
肝臓 …………………… 151
間葉系幹細胞 ………… 129

【き】
キアズマ ……………… 132
気圧 …………………… 51
ギガ …………………… 27
気化熱 ………………… 161
器官 …………………… 137, 145
器官系 ………………… 137, 148
基質 …………………… 80
寄生虫病 ……………… 182
基底細胞 ……………… 120
気道粘膜 ……………… 179
嗅覚 …………………… 154
胸郭 …………………… 58
胸腔内圧 ……………… 58
凝固 …………………… 150
凝固因子 ……………… 113
胸骨 …………………… 58

胸膜腔	58
共有結合	22
極体	134
巨人症	108
拒絶反応	128, 192
キラーT細胞	184
起立性低血圧	56
キロ	27
キロカロリー	83
筋細胞	68, 166
筋小胞体	79
筋層間神経叢（そう）	147
筋組織	137, 142

【く】

グアニン	40
クエン酸回路	81
グリア細胞	144
グリコーゲン	33, 166
クリステ	77
グリセリン	34
グルカゴン	165
グルコース	14, 31
グルコース輸送体	74
クレブス回路	81

【け】

形質	108
形質細胞	186
頸動脈洞	163
血圧	163, 199, 201
結合組織	138, 147
血漿（けっしょう）	44, 150
結晶性能力	203
血糖値	165
血友病	113
血流	18, 46
ゲノム	104
ケラチン細胞	119, 177
ケラチン線維	120, 177
ケラトヒアリン顆粒	120
嫌気的	82
原形質	77
原子	12
原子核	19
原子番号	19
原子量	14
減数分裂	129, 130
元素	11
元素記号	11

【こ】

高エネルギー結合	42
好塩基球	181
抗がん剤	121
交感神経	159
高気圧	51
口腔	151
膠原線維（こうげん）	139
抗原提示	141, 183, 186
好酸球	181
膠質浸透圧（こうしつ）	63
甲状腺ホルモン	154
酵素	17, 38, 72, 74, 161
抗体	39, 70, 177
好中球	70, 181, 186
高張	61
興奮	90
興奮性細胞	90
興奮の伝達	98
興奮の伝導	95
肛門	151
抗利尿ホルモン	167
呼吸ガス	71
呼吸器系	150, 201
呼吸数	199
呼吸性アシドーシス	172
呼吸性アルカローシス	172
呼吸性代償	172
五炭糖	39
骨格	155
骨格筋	68, 69, 122, 142, 155
骨芽細胞	141
骨髄	69
骨粗鬆症	204
骨軟化症	201
コドン	106
コラーゲン	30, 139
コラーゲン線維	119, 139
ゴルジ装置	67, 79
コレステロール	36
コンドロイチン硫酸	140

【さ】

最高血圧	53
細静脈	55
臍帯（さいたい）	195
最低血圧	53
細動脈	55
サイトカイン	123, 140
再分極	93
細胞	66
細胞外液	44, 71
細胞間質	138
細胞質	67, 77
細胞周期	123
細胞小器官	77
細胞性免疫	184, 188
細胞体	69
細胞内液	43, 71
細胞分裂	118, 119
細胞膜	30, 67, 71
杯細胞（さかずき）	146
左心室	52
左心房	52
酸	25
三次構造	38
酸性	25

酸素分圧 …………… 57	常在細菌叢 …………… 180	心拍数 …………… 199
三大栄養素 …………… 30	小循環 …………… 149	真皮 …………… 119, 177
【し】	脂溶性 …………… 71	心房 …………… 148
ジ …………… 48	常染色体 …………… 76	【す】
視覚 …………… 154	常染色体性の遺伝病 …… 110	膵臓 …………… 151, 165
子宮 …………… 154	小腸 …………… 151	水素結合 …………… 23
糸球体濾過量 …………… 201	上皮幹細胞 …………… 129	水溶性 …………… 35, 71
軸索 …………… 69, 143	上皮細胞 …………… 68	スクラーゼ …………… 75
自己複製能 …………… 129	上皮組織 …………… 137, 146	スクロース …………… 31, 75
自己免疫疾患 …………… 191	小胞 …………… 67	ステロイドホルモン …… 36
支持組織 …………… 137, 138	小胞体 …………… 79	スパート …………… 197
脂質 …………… 14, 30, 34	静脈 …………… 55	スパイク …………… 94
視床下部 …………… 161	食作用 …………… 70, 181	【せ】
シトシン …………… 40	食道 …………… 151	生化学 …………… 29
シナプス …………… 99	食物繊維 …………… 33	性感染症 …………… 181
ジペプチド …………… 38	触覚 …………… 154	精子 …………… 70
脂肪 …………… 14, 30	ショ糖 …………… 31, 75	静止電位 …………… 73, 90
脂肪細胞 …… 68, 119, 140, 166	自律神経 …………… 148, 153, 159	生殖器系 …………… 154, 204
脂肪酸 …………… 34	心筋 …………… 69, 122, 142	性染色体 …………… 76, 133
周期表 …………… 12	神経回路 …………… 121	精巣 …………… 154
終止コドン …………… 107	神経筋接合部 …………… 99	声帯 …………… 150
収縮期血圧 …………… 53	神経系 …………… 152, 202	生体恒常性 …………… 159
縦走筋層 …………… 147	神経膠細胞 …………… 144	生体防御 …………… 150
重層扁平上皮 …………… 137	神経細胞 …………… 69, 121	生体防御機構 …………… 176
重炭酸イオン …………… 170	神経細胞体 …………… 143	成長 …………… 194, 197
自由電子 …………… 88	神経終末 …………… 98	成長ホルモン …………… 108, 154
絨毛 …………… 146	神経線維 …………… 69, 143	静電気 …………… 88
粥状動脈硬化 …………… 36	神経線維腫症 …………… 113	性同一性障害 …………… 135
樹状細胞 …………… 179, 186	神経組織 …………… 137, 143, 147	精囊 …………… 154
樹状突起 …………… 69	神経伝達物質 …………… 74, 98	精母細胞 …………… 133
受精 …………… 104	人工多能性幹細胞 …… 127	性ホルモン …………… 154
受精卵 …………… 67	心室 …………… 148	生理活性物質 …………… 80
腫瘍 …………… 156	心室細動 …………… 100	脊髄 …………… 152
受容体 …………… 72, 74	腎性代償 …………… 173	脊柱 …………… 58
循環器系 …………… 148, 201	心臓 …………… 52	赤血球 …………… 69, 150
消化管粘膜 …………… 180	腎臓 …………… 152, 167	節後線維 …………… 99
消化器系 …………… 151, 201	心電図 …………… 90, 100	節前線維 …………… 99
消化酵素 …………… 74, 151	浸透圧 …………… 60	セットポイント …………… 161

セルロース	33	
線維芽細胞	140	
全か無かの法則	97	
染色体	75, 103, 132	
前立腺	154, 201	
前立腺肥大	201	

【そ】

臓器移植	192
造血幹細胞	128
相同染色体	103, 131
組織	137
組織幹細胞	128
疎水性	35
粗面小胞体	67, 79

【た】

第一分裂	130
体液	43
体液のイオン組成	44
体温	160
体温調節中枢	161
大気圧	51
第9因子	113
代謝	57, 79, 161
代謝性アシドーシス	171
代謝性アルカローシス	172
体循環	148
大循環	148
大静脈	55
大腸	151
帯電	21
大動脈	55
第二分裂	130, 133
大脳基底核	113
第8因子	113
胎盤	195
唾液腺	151
多核	68
立ちくらみ	56
脱分化	127
脱分極	93
多糖類	32
多能性幹細胞	126
多列上皮	138
痰	179
単球	181
炭酸	170
炭酸・重炭酸緩衝系	170
炭酸水素ナトリウム	170
炭酸脱水酵素	170
誕生	195
炭水化物	14, 30
弾性線維	119, 139
単層円柱上皮	137
単層円柱上皮細胞	68
単層扁平上皮	137
単層立方上皮	137
炭素鎖	29
単糖	31
タンパク質	14, 30, 37

【ち, つ】

膣	154, 181
チミン	40
チャネル	72, 73
中心体	79, 124
中枢神経	144
中枢神経系	152
中性子	19
中性脂肪	34
中和	25
聴覚	154
痛覚	154

【て】

低気圧	51
低身長症	108
低張	61
デーデルライン桿菌	181
デオキシリボース	40
デオキシリボ核酸	41
テトラ	48
テロメア	205
電圧	87
電位	87
電位差	87
電荷	16
電解質	17
電解質コルチコイド	168
電気	86, 87
電気エネルギー	82
電子	19
電子殻	20
電子伝達系	81
転写	106
転写因子	105
伝導速度	96
でんぷん	32
電流	87
電力	87

【と】

同化作用	80
動原体	124
糖脂質	35
糖質	14, 30
等張	61
糖尿病	165
動脈	55
動脈血	57
動脈硬化	36
当量	25
トール	52
特異的生体防御機構	184
トランスファーRNA	106
トリ	48
トリアシルグリセロール	34

トリグリセリド … 34	【の】	ヒスタミン … 141, 182
トリペプチド … 38	脳 … 152	ヒストン … 75
貪食作用 … 181	脳幹 … 164	必須アミノ酸 … 37
【な】	濃度 … 23	非特異的生体防御機構 … 177
内分泌系 … 154	能動輸送 … 73	泌尿器系 … 152, 201
内分泌腺 … 154	濃度勾配 … 91	皮膚感覚 … 119
ナノ … 27	脳波 … 90	肥満細胞 … 141
軟骨細胞 … 141	脳貧血 … 56	病原微生物 … 176
【に】	嚢胞性線維症 … 112	表皮 … 119, 177
肉腫 … 156	ノルアドレナリン … 98	ピリミジン骨格 … 39
二次構造 … 38	【は】	ピルビン酸 … 80
二重結合 … 34	パーセント（%）濃度 … 23	疲労 … 82
二重らせん構造 … 41	胚 … 127	【ふ】
二糖類 … 31	肺活量 … 201	フェニルケトン尿症 … 112
2倍体 … 129	肺循環 … 149	不応期 … 97
乳癌 … 116	胚性幹細胞 … 126	副交感神経 … 159
乳酸 … 26, 82, 181	肺胞 … 150	不減衰伝導 … 97
乳糖 … 31	麦芽糖 … 32	不随意運動 … 113
ニュートン … 52	破骨細胞 … 141, 204	不整脈 … 100
ニューロン … 69	パスカル … 52	物質交換 … 46, 55
尿 … 57, 152	バソプレシン … 62, 167	ブドウ糖 … 14, 31
尿管 … 152	発汗 … 161	負のフィードバック … 164
尿失禁 … 202	白血球 … 70, 150, 181	不飽和脂肪酸 … 34
尿道 … 152	発熱 … 174	プリン骨格 … 39
尿道炎 … 181	パラソルモン … 38	ふるえ … 161
尿毒症 … 57	反射機能 … 202	フルクトース … 31
尿路 … 181	伴性遺伝病 … 110, 113	分化 … 126
認知症 … 203	ハンチントン病 … 113	分極 … 91
【ぬ、ね】	半透膜 … 61	分子 … 12
ヌクレオチド … 39	【ひ】	分子量 … 14
熱エネルギー … 82	皮下組織 … 119	分裂期 … 123, 124
熱中症 … 204	光エネルギー … 82	【へ】
熱の産生 … 161	ピコ … 27	平滑筋 … 69, 142
熱の放散 … 161	皮脂腺 … 179	閉経 … 204
熱容量 … 18	皮質 … 185	平衡覚 … 154
粘膜 … 179	比重 … 53	ベータ（β）アミロイド … 202
粘膜下神経叢 … 147	微絨毛 … 68, 146	ヘキサ … 48
	微小管 … 124	

ヘクト … 65	ミリ … 27	【ら】
ヘクトパスカル … 52	ミリイクイバレント … 25	ラクトース … 31
ヘテロ … 109	ミリオスモル … 62	卵 … 71
ペプチド … 38	ミリメートル水銀柱 … 53	ランゲルハンス細胞 … 179
ヘモグロビン … 39, 69	ミリボルト … 91	卵巣 … 154
ヘルツ … 97	ミリモル … 24	卵母細胞 … 134
ヘルパーT細胞 … 184	【む】	【り】
ペンタ … 48	無核 … 70	リガンド … 74
【ほ】	無機化合物 … 29	リソソーム … 67, 79
膀胱 … 152	娘細胞 … 125	リゾチーム … 179
紡錘糸 … 124	【め】	リボース … 40
紡錘体 … 124	メガ … 27	リボ核酸 … 41
胞胚 … 126	メック … 25	リボソーム … 67, 79
傍皮質 … 185	メッセンジャーRNA … 106	流動性能力 … 203
飽和脂肪酸 … 35	メモリー細胞 … 190	良性腫瘍 … 156
母細胞 … 125	メラニン細胞 … 178	リン酸 … 39
補体 … 186	免疫 … 184	リン酸カルシウム塩(えん) … 140
ホメオスタシス … 158, 159	免疫系 … 204	リン脂質 … 30, 35
ホモ … 109	【も】	リン脂質の二重層 … 36
ポリ … 48	毛細血管 … 55	輪状ヒダ … 146
ポリペプチド … 38	モノ … 48	輪走筋層 … 147
ホルモン … 36, 74, 154, 159	モル … 24	リンパ … 184
翻訳 … 107	モル濃度 … 24	リンパ球 … 70, 141, 181, 193
【ま】	門脈 … 151	リンパ小節 … 147
マイクロ … 27	【ゆ】	リンパ節 … 179, 185
マイスナー神経叢(そう) … 147	有機化合物 … 29	リンパ組織 … 141, 184
マクロファージ … 140, 183, 186	優性 … 109	【れ】
マススクリーニング … 112	有性生殖 … 134	冷覚 … 154
末梢神経 … 145	遊走能 … 70, 181	レギュラトリーT細胞 … 184
末梢神経系 … 152	輸送体 … 72, 73	レセプター … 74
マルトース … 32	【よ】	劣性 … 109
【み】	陽圧 … 54	レプチン … 140
ミオシンフィラメント … 69	陽イオン … 17, 23	【ろ】
味覚 … 154	陽子 … 19	老化 … 194, 200, 205
水 … 14	溶質 … 61	老廃物 … 45
ミトコンドリア … 67, 77	溶媒 … 61	濾過(ろか) … 57, 63
ミトコンドリア病 … 85	四次構造 … 38	肋間筋 … 58
脈拍数 … 199	予防接種 … 189, 191	肋骨 … 58

● 著者

岡田隆夫（おかだたかお）

1951年 東京にて生まれる
1977年 順天堂大学医学部卒業
1981年 順天堂大学大学院医学研究科修了 医学博士
2004年 順天堂大学大学院医学研究科 器官・細胞生理学教授（現在に至る）
2009年 順天堂大学医療看護学部長 併任（2014年3月まで）
2014年 順天堂大学保健看護学部長 併任（現在に至る）

● イラスト

村山絵里子（むらやまえりこ）

1983年 千葉にて生まれる
2004年 女子美術大学短期大学部造形学科美術コース卒業
2005年 女子美術大学短期大学部造形学科美術コース専攻科修了
2011年 岡田先生の連載"生理的に好きになる生理学"（「PharmaTribune」誌,メディカルトリビューン社）に挿絵として起用される
2016年 本書の挿絵として起用される

解剖生理や生化学をまなぶ前の
楽しくわかる生物・化学・物理

2017年2月1日　第1刷発行	著　者	岡田隆夫
2025年2月1日　第5刷発行	イラスト	村山絵里子
	発行人	一戸裕子
	発行所	株式会社 羊土社 〒101-0052 東京都千代田区神田小川町2-5-1 TEL　　03（5282）1211 FAX　　03（5282）1212 E-mail　eigyo@yodosha.co.jp URL　　www.yodosha.co.jp/
ⓒ YODOSHA CO., LTD. 2017 Printed in Japan	装　幀	小野貴司
	本文デザイン	株式会社 サンビジネス
ISBN978-4-7581-2073-9	印刷所	株式会社 加藤文明社

本書に掲載する著作物の複製権，上映権，譲渡権，公衆送信権（送信可能化権を含む）は（株）羊土社が保有します．
本書を無断で複製する行為（コピー，スキャン，デジタルデータ化など）は，著作権法上での限られた例外（「私的使用のための複製」など）を除き禁じられています．研究活動，診療を含み業務上使用する目的で上記の行為を行うことは大学，病院，企業などにおける内部的な利用であっても，私的使用には該当せず，違法です．また私的使用のためであっても，代行業者等の第三者に依頼して上記の行為を行うことは違法となります．

JCOPY ＜（社）出版者著作権管理機構 委託出版物＞
本書の無断複写は著作権法上での例外を除き禁じられています．複写される場合は，そのつど事前に，（社）出版者著作権管理機構（TEL 03-5244-5088, FAX 03-5244-5089, e-mail：info@jcopy.or.jp）の許諾を得てください．

乱丁，落丁，印刷の不具合はお取り替えいたします．小社までご連絡ください．

羊土社　発行書籍

やさしい基礎生物学　第2版

南雲　保／編著，今井一志，大島海一，鈴木秀和，田中次郎／著
定価 3,190円（本体 2,900円＋税10％）　B5判　221頁　ISBN 978-4-7581-2051-7

豊富なカラーイラストと厳選されたスリムな解説で大好評．多くの大学での採用実績をもつ教科書の第2版．自主学習に役立つ章末問題も掲載され，基礎固めに最適な一冊．

やさしい基礎物理学

木下順二／編　大森理恵，小林義彦，庄司善彦，髙須雄一，野村和泉，松本みどり／著
定価 3,300円（本体 3,000円＋税10％）　B5判　271頁　ISBN 978-4-7581-2176-7

身近な切り口と，イラストを多用したオールカラーのビジュアルな紙面で，基礎からわかりやすく解説しました．高校物理を未修または苦手だった方も親しみをもって学べるテキストとなっています．

大学で学ぶ　身近な生物学

吉村成弘／著
定価 3,080円（本体 2,800円＋税10％）　B5判　255頁　ISBN 978-4-7581-2060-9

身近な話題から生物学の基本を楽しく学べる新しいスタイルの教科書．親しみやすさにこだわって描いたイラスト，理解を深める章末問題，節ごとのまとめでしっかり学べる！

生理学・生化学につながる　ていねいな生物学

白戸亮吉，小川由香里，鈴木研太／著
定価 2,420円（本体 2,200円＋税10％）　B5判　220頁　ISBN 978-4-7581-2110-1

医療者を目指すうえで必要な知識を厳選！生理学・生化学・医療に自然につながる解説で，1冊で生物学の基本から生理学・生化学への入門まで．親しみやすいキャラクターとていねいな解説で楽しく学べます．

生理学・生化学につながる　ていねいな化学

白戸亮吉，小川由香里，鈴木研太／著
定価 2,200円（本体 2,000円＋税10％）　B5判　192頁　ISBN 978-4-7581-2100-2

医療者を目指すうえで必要な知識を厳選！生理学・生化学・医療とのつながりがみえる解説で「なぜ化学が必要か」がわかります．化学が苦手でも親しみやすいキャラクターとていねいな解説で楽しく学べます！

基礎から学ぶ統計学

中原　治／著
定価 3,520円（本体 3,200円＋税10％）　B5判　335頁　ISBN 978-4-7581-2121-7

理解に近道はない．だからこそ，初学者目線を忘れないペース配分と励ましで伴走する入門書．可能な限り図に語らせ，道具としての統計手法を，しっかり数学として（一部は割り切って）学ぶ．独習・学び直しに最適．